Mastering SaltStack

精通SaltStack

［美］Joseph Hall 著

姚炫伟 冯宇 译

电子工业出版社·

Publishing House of Electronics Industry

北京•BEIJING

内 容 简 介

本书由 SaltStack 公司资深云集成工程师 Joseph Hall 编写，全书共 11 个章节。本书对应 Salt 2015.5 版本，事无巨细且通俗易懂地讲解了 Salt 的内部传输机制、异步任务系统、Salt SSH、Salt Cloud、Rest API 等各个子系统，并详细讲解了如何扩展 Salt，如何使用 Salt Cloud 完成自动水平扩展等。作者同时分享了在使用 Salt 时的最佳经验，让读者可以快速了解 Salt 核心，做到融会贯通并灵活运用到实际工作中。

本书介绍了一些 Salt 更先进的特性，能够帮助管理服务器组并希望了解如何添加新功能和扩展他们的工具集的专业人士。

版权贸易合同登记号　图字：01-2015-8408

图书在版编目（CIP）数据

精通 SaltStack / (美) 约瑟夫·霍尔（Joseph Hall）著；姚炫伟，冯宇译.——北京：电子工业出版社，2016.8
书名原文: Mastering SaltStack
ISBN 978-7-121-29263-7
I. ① 精… II. ① 约… ② 姚… ③ 冯… III. ① 数据处理软件 IV. ① TP274

中国版本图书馆 CIP 数据核字（2016）第 150710 号

责任编辑：付　睿
印　　刷：中国电影出版社印刷厂
装　　订：三河市良远印务有限公司
出版发行：电子工业出版社
　　　　　北京市海淀区万寿路 173 信箱　　邮编：100036
开　　本：787×980　　1/16　　印张：17.75　　字数：387.7 千字
版　　次：2016 年 8 月第 1 版
印　　次：2016 年 8 月第 1 次印刷
定　　价：69.00 元

谨以此书献给 Tim Hollinger[a]。在 Salt 早先的日子里你一直陪伴着我们，我们永远不会忘记你。正如我愿，愿你永远在这里（Wish you were here）。灿如钻石，尽情闪耀（Shine on, you crazy diamond）。

——*Joseph Hall*

---

[a]Tim Hollinger 是美国犹他州盐湖城 Floyd Show 乐队的主唱及主吉他手，2014 年 7 月 26 日离去。Floyd Show 乐队主要演唱 Pink Floyd 的歌曲，*Wish you were here* 及 *Shine on, you crazy diamond* 为 Pink Floyd 的经典曲目。——译者注

中文版序

I was honored to discover that my first book was considered important enough to be translated into Chinese. Salt is a powerful tool, and the knowledge that you gain from this book will help you use that power effectively in managing your infrastructure. I look forward to seeing more people use Salt to take better control of the technological advances that we have been blessed with, and bring us closer to a better and more advanced future. Your decision to read this book brings us one step closer to that future, and I hope that you continue on that path.

Of course Salt will continue to grow, thanks to the tireless efforts of countless engineers. It is because of those people, including readers like you, that Salt has become the tool that it is. I hope that you enjoy using Salt as much as I do. I also hope that you enjoy this book as much as I enjoyed writing it.

Joseph Hall

当得知我的第一本书因为其重要性被翻译成中文时，我感到非常荣幸。Salt 是一个强大的工具，从本书中所学的知识能够帮你在管理基础设施时发挥实际效用。我期待看到越来越多的人使用 Salt 去更好地掌控 Salt 得天独厚的技术优势，并带给我们一个更好和更先进的未来。当你决定阅读这本书时，你已经让我们的梦想更近了一步，我希望你能一直陪着我们走下去。

当然 Salt 会继续不断成长，特别需要感谢那些不懈努力的工程师们。正是因为这些人，包括像你一样的读者，让 Salt 变成了我们所期待的样子。我希望你能像我一样喜欢使用 Salt。也希望你能像我喜欢写这本书一样地喜欢这本书。

Joseph Hall

译者序

2012 年年底，我被一篇技术外文中所介绍的一个易用且强大的远程执行工具所吸引，由此结识了 SaltStack。在之后不久和赵舜东、刘继伟等一起发起建立了中国 SaltStack 用户组，从 Puppet 应用高级群中"挖"来了第一批成员，开始在 QQ 群、邮件列表中进行更多的经验分享和讨论交流。

2015 年 3 月底，非常荣幸地得到了 *Mastering SaltStack* 这本书的审阅机会。在审阅过程中，被 Joseph Hall 的专业思维所折服，常常会感慨"原来 SaltStack 可以这么玩"，更萌生了把这本优秀的 SaltStack 书籍引进到国内并完成翻译的想法。

最后，诚挚表达我的感谢：

感谢 Thomas S. Hatch，是他天才般地创造了 SaltStack 并将其开源出来。

感谢 Joseph Hall，在 *Mastering SaltStack* 这本书里用易懂有趣的方式让大家获取 SaltStack 底层及所蕴含的高级特性，并提供有效的实践经验。

感谢刘继伟（halfss），正是他的引荐，让我有幸可以审阅 *Mastering SaltStack* 这本书，以及实现引进翻译的想法。

感谢吴兆松（itnihao），是他帮我联系了电子工业出版社，最终引进了这本书并交给我和冯宇来做翻译。感谢电子工业出版社的付睿等编辑为这本书付出的心力。

最后要感谢我身边的她，连续的好几个周末我都宅在家里翻译本书，而错过了之前承诺她的旅行，感谢她的理解和付出。

希望这本书能开启你新的世界，希望有更多的人加入到 SaltStack 中来。Because salt goes EVERYWHERE!

推荐序

这本关于 Salt 的书我期待已久。作为 Salt 的创建者，我深感很多人并不了解 Salt 平台的先进与强大。深入那些 Salt 中鲜为人知的地域才能真正发挥惊人的作用。Salt 更强大的地方，在于如何使用反应器智能动态管理，如何使用 salt-ssh 处理各种各样的场景，以及更高水准地使用 Salt。这本书以易于理解的方式阐述了这些内容。我希望这本书能帮助更多的人学习到 Salt 强大的特性。

可以说 Joseph Hall 就是写这本书的最佳人选。他不仅仅是我亲密的伙伴，而且从非常早期就开始参与了 Salt 项目的开发，包括早期的 Salt State 系统设计。Joseph 是第二个为 Salt 编写代码的人（仅在我之后）。他也是第一位由 SaltStack 聘请的工程师。

Thomas S. Hatch

SaltStack 创始人兼 CTO

关于作者

从最初的技术支持到 Web 开发者，**Joseph Hall** 几乎已经触及到了现代科技的方方面面，他做过 QA 工程师、系统管理员、Linux 讲师和云工程师。目前，他是 SaltStack 的高级云工程师和集成工程师。Joseph 喜欢和合伙人以及 SaltStack 的同事们分享商业上的绝顶妙招。同时他也是一个典型的大厨。Joseph 最大的乐趣就是谈论他所谓的计算美食法。

我要感谢我的妻子，Nat，在我每天熬夜写这本书的过程中，她给了我无微不至的关怀。我同样也要感谢 Tom Hatch 写出了 Salt，并有魄力发展成了我工作过的最好的公司。衷心感谢 Colton Meyers 帮我联系到 Packt 出版社。我还要感谢 Salt 社区，是它让如今的 Salt 变得如此优秀。

关于审阅者

Pedro Algarvio 在 2015 年 5 月前还是一个音响技术员。他喜欢忙碌的状态。因此，Pedro 着手让计算机帮他干这些活。随着计算机知识的深入，他开始使用 shell 脚本，然后转向学习 Perl，最后选定了 Python。Pedro 已经参与了好几个开源项目。后来，他深信 Salt 会给他更多学习的机会。所以于 2015 年 5 月加入 SaltStack，全身心投入 Salt 软件的开发。

> 我要感谢我的妻子，谢谢她一如既往的友善、忠贞不渝的爱情及全心全意地支持我。甚至在我辞掉工作选择追求一种我从未有过经验的新技能时，她依旧一如既往地支持我。我也要感谢我的双胞胎儿子们允许我利用业余时间审阅 Joseph 的书。此外，我还要感谢 Salt 社区每天教我新知识。最后的最后，我也要感谢上帝。
>
> 我喜欢学习新事物。SaltStack 给了我机会学习到更多关于 Salt 的技术，这让我成为一个 Python 程序员和发烧友。我要感谢 SaltStack，是他们持续的信仰和鼓励，邀请我最终加入了这个组织。

Darrel Clute 是 IT 基础设施架构师。在整个职业生涯中，他专注于网络工程。Darrel 还花了许多时间关注系统工程，主要是基于 UNIX 的系统。除了他的本职工作外，他也是开源软件的倡导者。无论在企业应用还是个人应用上，Darrel 都在倡导使用开源软件。

除了自己的核心竞争力之外，对于专有软件和开源虚拟化平台，他同样有着丰富的经验。对于 IaaS 解决方案，比如 OpenStack，经验和知识也在稳步提升。此外，他的系统工程师的经验已经展露无疑，能搞定多种 Web 和企业级应用。他最近又开始接触 PaaS 解决方案。这导致他开始倡导公有或私有云不完全耦合 IaaS 和 PaaS 解决方案的设计，使部署步调一致。

除了核心的基础设施，Darrel 最近开始开发各种编程技巧，以提高日常活跃度。在他的职业生涯中，他一直利用各种语言和工具自动化基础设施。Darrel 的一些程序已经被 Bash、net-snmp、sed、awk 和 Python 整体使用了。

刘继伟毕业于 2011 年。被中国最大的 Web 游戏供应商趣游科技有限公司（中国）聘请为云计算运维工程师。该公司也是中国网页游戏产业和互动娱乐服务专业的提供商和领头羊。

> 我要感谢我的爱人在我审阅这本书时给我的帮助和支持。

Hoàng Đình Quân 是初级系统管理员和网络基础设施工程师。他在为小型和中型规模公司设计、部署、加固、维护 Linux 系统和网络基础设施方面有着丰富的经验。

姚炫伟是一个有着 8 年基础设施自动化、数据可视化、云计算经验的运维工程师。他是中国 SaltStack 用户组的创建者和协调员。

前言

很高兴能完成这本书的写作。从 Tom Hatch 脑中的一个构想,到一个屡获殊荣的开源项目,再到一个屡获殊荣的开源公司,我是看着 Salt 一步一步成长起来的。如今 Salt 已经成为一个极其强大的框架,这是我多年以来的梦想。

每天,我都在学习关于 Salt 的新知识。本书针对高级用户收集了部分此类东西。不要认为这本书涵盖的主题就是 Salt 的全部了。相反地,应该只把本书作为工具的指导手册,充分发挥其潜力。

通过阅读本书,我希望本书的想法和例子能激发你更新和创新你的基础设施。

本书涵盖的内容

第 1 章,*Salt* 概览,探讨了如何检阅一些基本原则和基本概念,以进入正确的思维框架中。尽管很多概念可能对熟练用户来说比较熟悉,但你同样可能会发现很多新的信息。

第 2 章,深入 *Salt* 内部,深入到 Salt 背后更深层次的工作原理。本章探讨了内部配置、加载器系统、渲染器,以及 State 编译器。

第 3 章,探索 *Salt SSH*,探讨了 Salt SSH 这个强大的工具。它最近已经得到了许多核心开发者的青睐。这可能是 Salt SSH 最完整的相关讨论了。

第 4 章,异步管理任务,讨论了 Salt 背后最重要的概念之一,就是异步性。本章罗列的基本原理将会一直引用至本书剩余内容。

第 5 章,*Salt Cloud* 进阶,不断深入,揭开 Salt Cloud,它是普通用户转变成专家的必经之路。不论你使用了多少 Salt Cloud 的功能,都应该了解一下 Salt Cloud。

第 6 章，使用 *Salt REST*，探讨了 REST 服务的便利性。Salt REST 使用 Salt 轻松绑定这些服务到你的基础设施。

第 7 章，理解 *RAET* 协议，教你 RAET 背后的概念，以及它们如何影响到你。RAET 目前仍是新技术，但是已经找到了进入大型组织的方法。

第 8 章，扩展策略，讨论了你永远不应假设你的基础设施规模一直这么小。本章内容教你考虑在火烧眉毛之前如何正确扩展你的基础设施。

第 9 章，用 *Salt* 监控系统，讨论了如果你知道如何使用时，Salt 是一个多么强大的监控工具。本章告诉你如何和已有的工具集成，或单独使用 Salt。

第 10 章，探索最佳实践，探讨了使用任何工具的最佳和最差方式。本章教你如何以正确的方式使用 Salt。

第 11 章，故障排查，告诉你当出问题时，应该去哪查，怎么寻求帮助。

本书的学习方式

要执行本书的范例，你应该运行 2015.5 版本以上的 Salt。只需要一台主机即可，因为 salt-master 和 salt-minion 服务可以在一台主机运行，但是目前需要 Linux 以运行 salt-master 服务。

如无特别说明，则本书的示例都是针对 Ubuntu Linux 的。

本书的目标读者

本书非常适合那些管理服务器组，并希望了解如何添加新功能和扩展他们的工具集的专业人士。本书解释了一些 Salt 更先进的特性，也探索了如何使用这些特性为专业人士已经使用的工具带来额外的功能。

本书约定

在本书中，你会发现很多不同种类的文本风格，用于区分不同种类的信息。下面是一些风格的范例和含义解释。

代码部分、数据库的表名、目录名、文件名、文件扩展名、路径名、假想 URL、用户输入、Twitter handle 像这样书写："这个功能不过是 `test.ping` 命令而已。"

代码块以如下方式书写：

```
nodegroups:
    webdev:  'I@role:web,G@cluster:dev'
    webqa:   'I@role:web,G@cluster:qa'
    webprod: 'I@role:web,G@cluster:prod'
```

任何命令行的输入或输出以如下方式书写：

```
# salt -S 192.168.0.0/24 test.ping
```

新术语和**重要字词**以黑体方式书写。就如你看到的那样。比如，在菜单或对话框中，出现这样的文字："点击将订阅并**加入该组**"。

 警告或重要标记将出现在这样的文本框中。

 小贴士和小技巧看起来像这样。

下载示例代码

你可以从 http://www.broadview.com.cn 下载所有已购买的博文视点书籍的示例代码文件。

勘误表

虽然我们已经尽力谨慎地确保内容的准确性，但错误仍然存在。如果你发现了书中的错误，包括正文和代码中的错误，请告诉我们，我们会非常感激。这样，你不仅帮助了其他读者，也帮助我们改进后续的出版。如发现任何勘误，可以在博文视点网站相应图书的页面提交勘误信息。一旦你找到的错误被证实，你提交的信息就会被接受，我们的网站也会发布这些勘误信息。你可以随时浏览图书页面，查看已发布的勘误信息。

目录

第 *1* 章

Salt 概览

Salt 是一个强有力的自动化基础框架。在我们深入了解本书中的高级用法之前，有必要掌握一些要领。通过本章，你可以了解到以下内容。

- 远程执行。
- 基本的 SLS 文件树结构。
- 用于配置管理的 State。
- Grain、Pillar 及模板（template）基础。

在开始之前，你需要有一台已安装了常见的 Linux 发行版并具有 root 访问权限的设备。本书例子，除非有特殊说明，一般基于 Ubuntu 14.04。当然，大部分例子都可以运行在其他主流的发行版上，如最新的 Fedora、RHEL 5/6/7 或 Arch Linux 版本。

远程执行命令

Salt 底层架构起源于远程执行命令的想法。这并不是一个新的概念，它所有的网络组件都是围绕着远程执行的一些部分设计的。就如同向一个 Web 服务器请求一个静态 Web 页面一样简单，或者如同在一个远程服务器上使用 shell 进行交互处理命令一样复杂。

说得直白点，Salt 是众多复杂类型的远程执行的一个典型。但和大多数互联网用户使用的一次只能和一台服务器进行交互的工具不太一样（就他们所知道的而言），Salt 允许用户直接在众多主机上运行命令。

Master 和 Minion

Salt 基于一主（Master）控制多从（Minion）的思想。通常是从 Master 上发送命令到一组 Minion，然后执行命令中的既定任务，最后将执行结果返回到 Master。

Targeting Minion

salt 命令首先要进行 targeting。每个远程执行都需要指定一个匹配的 target（即需要哪些 Minion 进行执行）。默认情况下，使用的 target 类型是 *glob*（通配），这与大多数 shell 命令中参数的模式匹配风格一致。其他类型的 targeting 需要通过添加对应的选项（flag）进行指定。例如，想匹配一段特定子网中的一组主机，需要使用-S 选项进行指定：

```
# salt -S 192.168.0.0.24 test.ping
```

接下来我们将通过一些基本的使用例子来讲述一下常用的 target 类型。这里并没有覆盖所有的 target 类型，如 *Range* 以及其他超出本书范围的扩展等。当然，大多数常用的类型都能介绍到。

Glob

Salt 默认的 target 类型，因此它没有命令行选项。使用 shell 的通配符来指定一个或多个 Minion ID。

在大多数命令 shell 中执行 salt 命令时，都需要保护通配符以避免被 shell 展开：

```
# salt '*' test.ping
# salt \* test.ping
```

通过 API 或其他用户接口使用 Salt 时，通配符（*）通常不需要引号和逃逸字符（\）保护。

Perl 语言兼容正则表达式（PCRE）

短选项：-E

长选项：--pcre

为了满足更复杂的匹配规则，可以使用 **Perl 语言兼容性正则表达式**（**Perl Compatible Regular Expression**，PCRE）。在早期的 Salt 版本中就包含了该 targeting 类型，也是在 shell 脚本中最常用的正则表达式。当然，也可以在 salt 命令行中使用 PCRE 的威力：

```
# salt -E '^[m|M]in.[e|o|u]n$' test.ping¹
```

list

短选项：-L

长选项：--list

该选项通过逗号分隔的列表来指定多个 Minion。列表中的项不使用 glob 或正则表达式进行模式匹配，必须是显式声明的：

```
# salt -L web1,web2,db1,proxy1 test.ping
```

Subnet

短选项：-S

长选项：--ipcidr

通过指定一个 IPv4 地址或一个 CIDR 的 IPv4 子网来 target Minion。

```
# salt -S 192.168.0.42 test.ping
# salt -S 192.168.0.0/16 test.ping
```

截至 2015.5 版本，Salt 还不能通过命令行选项来 target IPv6 地址。不过可以通过其他方式实现，比如通过 *Grain* 进行匹配。

Grain

短选项：-G

长选项：--grain

Salt 可以通过如操作系统、CPU 架构以及自定义的信息（将在本章稍后进行详细描述）等机器特征进行 target Minion。因为一些网络信息也存在于 Grain 中，所以 IP 地址也可使用该方式进行 target。

---

¹此处正则应该是作者的失误，熟悉 PCRE 的人应该都知道，[] 代表内部字符任选其一匹配。所以此处的正则应为：^[mM]in.[eou]n$。——译者注

由于 Grain 是键/值对（key/value pair），所以键名及值都必须指定，通过冒号（:）进行分隔：

```
# salt -G 'os:Ubuntu' test.ping
# salt -G 'os_family:Debian' test.ping
```

一些 Grain 是多级字典，可以通过冒号（:）进行分隔字典中的每一级键名：

```
# salt -G 'ip_interfaces:eth0:192.168.11.38'
```

如果 Grain 含有冒号，同样需要指定，尽管这可能看上去很奇怪，如匹配本地 IPv6 地址（::1）。请注意冒号的数量：

```
# salt -G 'ipv6:::1'
```

Grain PCRE

短选项：无

长选项：`--grain-pcre`

通过 Grain 来匹配很高效，但如果想进行更复杂的 grain 匹配，可以使用 grain pcre 进行匹配：

```
# salt --grain-pcre 'os:red(hat|flag)' test.ping
```

Pillar

短选项：`-I`

长选项：`--pillar`

Salt 支持通过 pillar 数据进行匹配，Pillar 的相关内容将在稍后进行描述，但就目前而言，我们认为它们和 Grain 一样即可。

```
# salt -I 'my_var:my_val' test.ping
```

混合（Compound）

短选项：`-C`

长选项：`--compound`

混合 target 允许用户在一个 shell 命令中指定多种 target 类型。默认使用 glob，想指定其他 target 类型，则需要在前面追加上类型简写和 @ 符号。

简写	target
G	Grain
E	PCRE Minion ID
P	Grain PCRE
L	列表（list）
I	Pillar
S	子网/IP 地址
R	SECO 范围

如想匹配的系统是 Ubuntu，Pillar 中 role 的设置是 web，且属于 192.168.100.0/24 子网的 Minion：

```
# salt -C 'G@os:Ubuntu,I@role:web,S@192.168.100.0/24' test.ping
```

布尔符号中的与（and）、或（or）及非（not）也可以在 target 类型中使用，如：

```
# salt -C 'min* or *ion' test.ping
# salt -C 'web* or *qa,G@os:Arch' test.ping
```

节点组（Nodegroup）

短选项：-N

长选项：--nodegroup

节点组是在 Salt 内部使用的（所有的 targeting 终将创建一个动态节点组），从命令行中显式地指定节点组十分常用。在命令行使用前必须先在 Salt Master 的配置文件中以 target 列表进行定义（使用混合匹配语法），如在配置文件中进行如下定义：

```
nodegroups:
  webdev: 'I@role:web,G@cluster:dev'
  webqa: 'I@role:web,G@cluster:qa'
  webprod: 'I@role:web,G@cluster:prod'
```

节点组定义完毕并重载 Master 配置文件后，可以通过 salt 进行 target：

```
# salt -N webdev test.ping
```

运行模块方法

指定 target 后，接下来需要声明要运行的方法（function）。之前的例子中我们使用了 test.ping 方法，当然也可以指定其他方法。方法包含两部分，通过点（.）来分割：

```
<模块名>.<方法>
```

在 Salt 命令中，模块方法紧随 target 其后，但也可以在最后给方法加任何参数：

```
salt <target> <模块名>.<方法> [参数...]
```

如下 salt 命令，让所有的 Minion 返回 "Hello world" 字符串：

salt '*' test.echo 'Hello world'

Salt 核心发行版内置了众多执行模块，并且将越来越多。在 2015.5 版本中，Salt 内置的执行模块超过 200 个。这些模块并不能运行在所有的平台上，实际从设计上讲，有些模块需要用户自行解决依赖后才可以使用。

比方说，作为 Salt 测试的基本方法并对 Minion 可用，test 模块中的所有方法均可以运行在所有的平台上。而 Apache 模块中的方法，则只能在 Minion 本地存在必须的命令时才能可用。

执行模块是 Salt 的基础组件，其他模块可以利用它们进行构建。由于执行模块的设计是使用命令行，因此需要给方法传递的参数通常是字符串。而一些参数可以来自于 Salt 的其他部分，在命令行中使用与 Python 格式类似的数据结构可以使用 JSON 字符串。

之所以这么设计也是有依据的，是因为 Salt 使用 YAML 作为其配置格式，而且所有的 JSON 格式都可以直接在 YAML 中使用。为了避免 shell 展开，需要在命令行中 JSON 外部使用单引号进行包裹，在字符串内部则使用双引号。如以下例子所示。

列表使用中括号声明：

```
'["item1", "item2", "item3"]'
```

字典使用大括号声明：

```
'{"key":"value", "key2":"value2", "key3":"value3"}'
```

列表中包含字典，字典中包含列表：

```
'[{"key1":"value1"}, {"key2":"value2"}]'
'{"list1": ["item1", "item2"], "list2": ["item3", "item4"]}'
```

以下模板是 Salt 的核心部分，每个模块中都包含一些常用方法。

---

test.ping

这是 Salt 最基本的命令。最终它只要求 Minion 返回 *True*。因为其足够简单，在文档中会常常见到，用于监测 Minion 是否可响应，而无法担心 Minion 的响应异常。如果没有响应，则并不一定意味着 Minion 宕掉，如由于某些原因导致 Minion 响应速度慢。不过，连续失败的话就要引起注意了。

test.echo

该方法相比 `test.ping` 命令来说会用得少一些，它用于让 Minion 显示出传递给自己的字符串。还有一些其他的类似方法，如 `test.arg`、`test.kwarg`、`test.arg_type` 及 `test.arg_repr`。

test.sleep

稍微高级的测试场景，需要 Minion 先 sleep 若干秒后再返回 *True*，常用于测试或验证任务系统。`test.rand_sleep` 方法也非常实用，常用于在大规模 Minion 中进行发布并检查返回结果的测试场景。

test.version

在大规模的 Minion 场景中，Minion 间可能运行着不同的 Salt 版本。当在排错需要获取 salt 的具体版本时，它是最简单的获取方法，会返回每个 Minion 的 Salt 版本。如果想获取系统其他软件包的版本，可以使用 `pkg.version`。

pkg.install

Salt（2015.5）中的每一种包管理器都支持安装软件包功能。该方法只需要指定一个软件包名，或者指定一组软件包，甚至可以指定具体的版本。当使用执行模块时，可能只需要指定软件包名就够了，但在 State 模块中（稍后会做详细描述），高级的用法会更重要。

pkg.remove

与 `pkg.install` 方法搭配使用，用于指定卸载哪个软件包。不过因为卸载软件包时，软件包版本变得不那么重要，因此它的用法非常简单。它允许用 Python 的列表（使用 pkgs 参数）来一次性卸载若干软件包。如果在命令行中，则可以使用 JSON 字符串。

file.replace

sed 命令是一个 UNIX 系统中常用的管理员工具，常用于处理包括编辑文件中的特定行、搜索和替换等任务。Salt 做过一些类似于 sed 命令行的尝试。最先是 file.sed 方法，它是一个简单的 UNIX sed 命令的封装。file.psed 方法则提供了一个基于 Python 的替代方案。然而 sed 不仅仅是个查找/替换的工具，它是一门完整的语言，如果不正确使用，将会碰到问题。因此 Salt 决定开发 file.replace 方法，只用于满足大多数用户的查找/替换需求，规避 sed 封装中的差异性问题。

其他文件类操作方法

一系列通用 UNIX 命令逐步加入到 file 方法中，用于管理文件及它们的元数据信息，如：file.chown、file.chgrp、file.get_mode、file.set_mode、file.link、file.symlink、file.rename、file.copy、file.move、file.remove、file.mkdir、file.makedirs、file.mknod 等。

用户及用户组管理方法

Salt 中也包含大多数 UNIX 中用于管理用户及用户组的工具，如 user.add、user.delete、user.info、group.add、group.delete、group.info、user.chuid、user.chgid、user.chshell、user.chhome、user.chgroups 等。

sys.doc

在设计时，每一个执行模块中的公共方法都必须包含自述文档。自述文档是在方法顶部下方的一段注释，里边包含该方法的用途，以及至少一个命令行实例。

可以使用 sys.doc 方法来查看 Minion 端的这些文档。如果没有其他参数，则将在一个 Minion 中显示所有方法的文档内容。如果指定了模块名字，将显示该模块中所有方法的文档内容。如果也指定了方法的名字，则只显示该方法的文档内容。它常用于查询在一个有效的模块中如何使用这些方法。

SLS 文件树

Salt 中的一些子系统需要使用 SLS 文件树，最常见的是用于 Salt State 的 /srv/salt，其次是 Pillar 系统的 /srv/pillar，它们之间的文件格式不同，但目录结构相同。接下来我们将讲述如何存放这些目录。

SLS 文件

SLS 指代 SaLt State，在 Salt 中首先会用到这种类型文件的结构。尽管它们可以用不同的格式进行渲染，但就目前而言默认的 YAML 格式是最常用的。多种模板引擎同样可以用于生成 YAML（或其他数据结构），同样地，最流行的是默认的模板引擎 Jinja。

请记住，Salt 和数据息息相关。YAML 是 Python 中指代字典类型数据结构的序列化格式。说到 SLS 文件如何设计时，只需要记住它们是一组键/值对：每项都有一个唯一的键，引用一个值。值可以是一个单项、一个列表项，也可以是其他的键/值对。

在 SLS 文件中每个小节（stanza）的 key 称为 ID。如果小节内没有显式声明 name 属性，那么 ID 会作为 name。记住 ID 必须全局唯一，重复的 ID 会报错。

使用 top 文件将配置绑定在一起

State 和 Pillar 系统中，都有一个名为 top.sls 的文件，用于将 SLS 文件拉在一起并指定在哪个环境下应该为 Minion 提供哪些 SLS 文件。

top.sls 文件中的每个 key 都定义一个环境（environment），一般情况下，定义一个叫作 base 的环境，此环境包含基础设施中所有的 Minion，定义其他环境只包含 Minion 的子集。每个环境中包含一组 SLS 文件。来看看下面这个 top.sls 文件的内容：

```
base:
  '*':
    - common
    - vim
qa:
  '*_qa':
    - jenkins
web:
```

```
'web_*':
  - apache2
```

在这个 top.sls 中，声明了 3 个环境，分别是 base、qa 和 web。base 环境指定所有 Minion 执行 common 和 vim State。qa 环境指定所有以 _qa 结尾 ID 的 Minion 执行 jenkins State。web 环境指定所有以 web_ 开头 ID 的 Minion 执行 apache2 State。

SLS 目录组织

SLS 文件的名字可以是 SLS 文件本身的文件名（如 apache2.sls），也可以是有 init. sls 文件在内的目录名（如 apache2/init.sls）。

 注意执行时会首先搜索 apache2.sls，如果不存在，才会使用 apache2/ init.sls。

SLS 文件可以有多层深度，目录层级深度并没有限制。当定义多层深度目录结构时，每一个层级将在 SLS 名后追加句点（如 apache2/sls/init.sls 对应的是 apache2.ssl）。一个好的实践是保持目录结构尽量浅显，这样用户就能通过 SLS 树快速找到所需要的东西。

使用 State 进行配置管理

/srv/salt 目录下的文件用于定义 Salt State。这是配置管理格式，用来强制 Minion 处于某一状态（State）：X 软件包（package）需要安装，文件（file）Y 格式正确，服务（service）Z 开机自启并处于运行状态等，如下：

```
apache2:
  pkg:
    - installed
  service:
    - running
  file:
    - managed
    - name: /etc/apache2/apache2.conf
```

State 可能保存在单个 SLS 文件中，但更好的做法是按照你或你的组织约定的规范，把这些 State 分开写入不同的文件中。SLS 文件可以通过 include 块引用其他的 SLS 文件。

使用 include 块

在大的 SLS 树中，一个 SLS 文件引用其他 SLS 文件非常常见。通过使用 include 块实现，通常放在 SLS 文件顶部：

```
include:
  - base
  - emacs
```

在本例中，SLS 文件将 include 块内容替换为 base.sls（或者 base/init.sls）及 emacs.sls（或者 emacs/init.sls）的内容。对于用户来讲会有一些限制。最重要的限制是，SLS 文件中不能包含已存在于 include 的 SLS 文件中的 ID。

另外需要注意的是，include 本身作为一个顶级声明（top-level declaration），不允许在同一个文件中出现多次。下边的书写是错误的：

```
include:
  - base
include:
  - emacs
```

使用 requisite 排序

State SLS 文件具有声明式（declarative）和命令式（imperative）特性，在所有配置管理系统格式中是独一无二的。说 State SLS 文件是命令式的，因为每个 State 的评估顺序是按照它在 SLS 文件中出现的位置排序的。说它们又是声明式的，因为 State 可以通过 requisite 来更改它们实际执行时的顺序。例如：

```
web_service:
  service.running:
    - name: apache2
    - require:
      - pkg: web_package
web_package:
  pkg.installed:
    - name: apache2
```

如果服务在声明时通过 require 指定了 SLS 文件中在它之后的软件包，则 pkg State 会首先执行。如果没有声明依赖，由于服务代码块在 pkg 代码块之前，所以 Salt 会在安装软件包之前先尝试启动服务。它的执行过程与下面的 State 执行过程一致：

```
web_service:
  service.running:
    - name: apache2
web_package:
  pkg.installed:
    - name: apache2
```

requisite 指向 SLS 文件中其他位置的项目列表将影响 State 的执行行为。列表中的每一项包含两个部分：模块名字和相关 State ID。

下边是 Salt State 和 Salt 其他部分中 State 编译器可以支持的 requisite 列表。

require

require 是最基本的 requisite，它表示 State 会等待列表中定义的每一项 State 都成功执行后才会执行。例如下面的例子：

```
apache2:
  pkg:
    - installed
    - require
      - file: apache2
  service:
    - running
    - require:
      - pkg: apache2
  file:
    - managed
    - name: /etc/apache2/apache2.conf
    - source: salt://apache2/apache2.conf
```

在这个例子中，文件会首先复制到 Minion 上，然后进行软件包的安装，之后再进行服务的启动。显而易见的是，服务只有在提供该服务的软件包安装后才能启动。但是基于 Debian 的操作系统，如 Ubuntu，会在软件包安装后自动启动服务，如果默认配置文件并非所需时，会有问题。因此该 State 会确保在安装 Apache 之前先配置正确。

watch

在之前的例子中，新的 Minion 在第一次运行 State 时就能配置正确。但是如果之后配置文件发生了变更，apache2 服务需要重启才行。这时可以在 service 中添加 watch requisite，强制 State 在发现它 watch 的项目发生了变更时执行一个指定的动作。

```
apache2:
  ...SNIP...
  service:
    - running
    - require:
      - pkg: apache2
    - watch:
      - file: apache2
  ...SNIP...
```

watch requisite 并不是对所有 State 模块类型都有效。这是因为它需要执行的指定动作依赖于模块类型。如之前的例子中，当一个服务通过 watch 触发时，如果服务此时是关闭的，则 Salt 会尝试启动它。如果服务已经在运行中，则 Salt 会根据情况尝试 service.reload、service.full_restart 或 service.restart 中的一个。

截至 2015.5 版本，支持 watch requisite 的 State 模块有：service、cmd、event、module、mount、supervisord、docker、tomcat 和 test。

onchanges

onchanges requisite 和 watch 有点类似，但它并不需要使用它的 State 模块的任何特殊支持。只有当 State 成功完成并且有变化发生时，那些 onchanges 关联到的列表项才会执行。

onfail

在简单的 State 树中，onfail requisite 很少使用。但在一个更高级的 State 树中，如出现问题需要告警给用户或自动进行正确处理时，则需要使用 onfail。当一个 State 已评估并且执行失败时，那些 onfail 关联到的列表项才会进行评估。假设 PagerDuty 服务已经通过 Salt 进行了正确的配置，并且 apache_failure State 已经用到了该服务，那么下面的 State 会在 Apache 启动失败时通知运维团队：

```
apache2:
  service:
    - running
    - onfail
      - pagerduty: apache_failure
```

use

在 Salt 中，是可以在一个 State 中声明一些默认值的，然后其他的 State 可以继承（inherit）这些默认值。最常见的是一个 State 文件通过 include 语法去引用其他文件。

如果 State 中使用的项已经重新声明了，那么就会被新值覆盖。否则，该项在使用时并不会进行任何修改。使用 use 的 State 并不会将 requisite 继承过来，只会继承非 requisite 选项。如下面的 SLS，mysql_conf State 会安全地从 apache2_conf State 中继承 user、group 及 mode，并且不会触发 Apache 重启：

```
apache2_conf:
  file:
    - managed
    - name: /etc/apache2/apache2.conf
    - user: root
    - group: root
    - mode: 755
    - watch_in:
      - service: apache2
mysql_conf:
  file:
    - managed
    - name: /etc/mysql/my.cnf
    - use:
      - file: apache2_conf
    - watch_in:
      - service: mysql
```

第 1 章　Salt 概览

prereq

在某些情况下，有可能 State 并不需要运行，只有在另一个 State 预计会变更时才需要运行。例如一个 Web 应用使用 Apache 来提供服务，当产品服务器上的代码库需要变更时，Apache 应该先关闭，以免代码没部署完时会有错误。

prereq requisite 就是针对这样的需求设计的。当一个 State 使用 prereq 时，Salt 会先对 prereq 中指定关联的项目运行 test 模式来预计是否会进行变更。如果预计有变更，则 Salt 会用 prereg 标记该 State 需要执行。

```
apache2:
  service:
    - running
    - watch:
      - file: codebase
codebase:
  file:
    - recurse
...SNIP...
shutdown_apache:
  service:
    - dead
    - name: apache2
    - prereq:
      - file: codebase
```

在这个例子中，shutdown_apache State 只会在 codebase State 报告需要有变化时进行变更。如果有变化，Apache 会进行关闭，然后 codebase State 会执行。一旦执行完成，它会触发 apache2 的 service State，再次启动 Apache。

反转 requisite

之前提到的 requisite 都可以通过在最后添加 _in 的方式进行反转。例如，不是 State X requiring State Y，而是声明 State X is required by State Y，可以按照如下方式写：

```
apache2:
  pkg:
```

```
      - installed
      - require_in:
        - service: apache2
    service:
      - running
```

添加每个 State 的反转看起来有点模糊，但实际上它在 include 块中是一个很好的用例。

SLS 文件不能使用 requisite 指向文件内部不存在的代码。而使用 include 块会将其他 SLS 文件中的内容导入该 SLS 文件。因此一般情况下在一个 SLS 文件中定义好配置，在其他 SLS 文件中 include，并通过 use_in requisite 修改使更具有更多的特性。

扩展 SLS 文件

除了 include 块之外，State SLS 文件还可以使用 extend 块来修改 include 块引入的 SLS 文件的内容。使用 extend 代码块和使用 requisite 类似，但还是有一些明显的不同。

use 或 use_in requisite 会复制默认值到另外的 State 中或从其他 State 上复制默认值到本 State 中，extend 块则只能对引入的 State 进行修改。

```
# cat/srv/generic_apache/init.sls
apache2_conf:
  file:
  - managed:
    - name: /etc/apache2/apache2.conf
    - source: salt://apache2/apache2.conf
(In django_server/init.sls)
include:
  - generic_apache
extend:
  apache2_conf:
    - file:
    - source: salt://django/apache2.conf
(In image_server/init.sls)
include:
  - generic_apache
extend:
  apache2_conf:
```

```
    - file:
    - source: salt://django/apache2.conf
```

本例中使用的通用（generic）Apache 配置文件，会被 Django 服务器或 Web 图片服务器覆盖。

Grain、Pillar 及模板基础

Grain 和 Pillar 提供了一种允许在 Minion 中使用用户自定义变量的方案。模板则为这些变量提供在 Minion 上创建文件的更高级用法。

在详细了解之前，先让我们记住下边的内容：Grain 定义在指定的 Minion 上，而 Pillar 则定义在 Master 上。它们都可以通过静态（statically）或动态（dynamically）的方式进行定义（本书主要介绍静态方式），但是 Grain 常用于提供不常修改的数据，至少是不重启 Minion 就不会变，而 Pillar 更倾向于动态数据。

使用 Grain 来获取 Minion 特征数据

Grain 在设计之初用于描述 Minion 的静态要素，执行模块能够使用它来判断应该如何执行。例如，当 os_family 的 Grain 数据为 Debian 时，则会使用 apt 工具组件来进行软件包管理，当 os_family 为 RedHat 时则使用 yum 来进行软件包管理。

Salt 会自动发现很多 Grain 数据，像 os、os_family、saltversion 及 pythonversion 等 Grain 通常总是可用的。而像 shell、systemd 及 ps 等 Grain 并不总是可用的，比如 Windows Minion 就没这些。

Grain 会在 Minion 进程启动时进行加载，并缓存在内存中。这样 salt-minion 进程就无须每次操作都重新检索系统来获取 Grain，极大地提升了 Minion 的性能。这对 Salt 来讲是必需的，因为 Salt 设计的目的是快速执行任务，而不是每次执行都等待很长时间。

可以通过 grains.items 方法来查看 Minion 都有哪些 Grain 数据：

salt myminion grains.items

想查看某个特定的 Grain，可以将对应的名字作为参数传递给 grains.item：

salt myminion grains.item os_family

同样可以自定义 Grain。在以前的版本，是在 Minion 的配置文件（Linux 和一些 UNIX 平台对应的路径是/etc/salt/minion）中定义静态的 Grain 数据：

```
grains:
  foo: bar
  baz: qux
```

这种做法至今依然可用，但已不建议使用。现在更常用的方法是将自定义的静态 Grain 存放在一个叫作 Grain 的文件中（在 Linux 和一些 UNIX 平台对应的路径是/etc/salt/grains）。这么做的好处是：

- Grain 独立存储，易于在本地查找。
- Grain 能够通过 Grain 执行模块进行修改。

第二点是非常重要的：Minion 的配置文件设计允许用户级注释，而 Grain 文件设计用于 Salt 按需进行重写。手动编辑 Grain 文件也是没问题的，但不要期望能在内容中保留注释。除了不包括 Grain 的顶级声明外，Grain 文件和在 Minion 文件中的 Grain 配置看起来一样：

```
foo: bar
baz: qux
```

需要在 Grain 文件中添加或修改 Grain 时，可以使用 grains.setval 方法：

salt myminion grains.setval mygrain 'This is the content of mygrain'

Grain 的值支持多种类型。大多数 Grain 只包含字符串，但也可能包含列表：

```
my_items:
  - item1
  - item2
```

想对该列表添加项目（item）时，可以使用 grains.append 方法：

salt myminion grains.append my_items item3

想从 Grain 文件中移除一个 Grain，可以使用 grains.delval 方法：

salt myminion grains.delval my_items

使用 Pillar 使变量集中化

在大多数场景中，Pillar 的表现行为和 Grain 一致，但有个很大的区别：Pillar 在 Master 上进行定义，存在于一个集中化的路径。默认情况下，在 Linux 主机上对应的目录是/srv/pillar/。由于该区域存放的是用于众多 Minion 的信息，因此需要一种 target 方式来对应 Minion。正因为如此，使用了 SLS 文件。

Pillar 的 `top.sls` 文件在配置和功能上和 State 的 `top.sls` 文件一致：首先声明一个环境，然后是一个 target，最后是该 target 需要使用的 SLS 文件列表：

```
base:
  '*':
    - bash
```

Pillar 的 SLS 文件相对于 State 的 SLS 文件要简单许多，这是因为 Pillar 只用于提供静态的数据存储。以键值对（key/value pair）的方式进行定义，有时会包含一定的层级：

```
skel_dir: /etc/skel/
role: web
web_content:
  images:
    - jpg
    - png
    - gif
  scripts:
    - css
    - js
```

和 State 的 SLS 文件相似，Pillar SLS 文件也可以通过 `include` 来引用其他 Pillar SLS 文件。

```
include:
  - users
```

想查看所有 Pillar 数据，可以使用 `pillar.items` 方法：

`salt myminion pillar.items`

需要注意的是，当运行该命令时，默认情况下 Master 的配置数据也会以名为 Master 的 Pillar 项显示出来。如果 Master 配置文件中包含一些敏感数据，这么做会有问题。可以在 Master 的配置文件中添加如下内容来关闭它的输出：

```
pillar_opts: False
```

这里需要说一下，除了 Master 配置数据外，Pillar 数据只能被特定的 target Minion 看到。换句话说，没有 Minion 允许访问其他 Minion 的 Pillar 数据，至少在默认情况下是这样的。Salt 中是允许 Minion 使用 Peer 系统来执行 Master 命令的，不过 Peer 系统的内容在本章中不做过多的描述。

通过模板动态管理文件

Salt 可以使用模板，结合 Grain 和 Pillar 数据，使 State 系统变得更动态。当前（2015.5 版本）支持如下模板引擎。

- jinja
- mako
- wempy
- cheetah
- genshi

通过 Salt 的渲染器系统（rendering system）使用这些引擎。以上列表只包含了典型的用作模板的渲染器，用于创建配置文件，或与其类似的东西。还有一些其他渲染器，但是更多用于描述数据结构：

- yaml
- yamlex
- json
- msgpack
- py
- pyobjects
- pydsl

最后，下边的这个渲染器能够在传递给其他渲染器之前，先解密存储在 Master 上的 GPG 数据：

- gpg

默认情况下，State 的 SLS 文件会首先使用 Jinja 进行渲染，然后再使用 YAML 渲染。有两种方法可以将 SLS 文件渲染器调整为其他。首先，如果只有一个 SLS 文件需要以不同方式渲染，可以在该文件的第 1 行中包含 *shabang* 行来指定渲染器：

```
#!py
```

shabang 也可以以管道符号分隔指定多个渲染器，它们的顺序按照它们使用的顺序。这也称为渲染器管道（render pipe）。想用 Mako 和 JSON 来替代默认的 Jinja 和 YAML，可以进行如下配置：

```
#!mako|json
```

如果想更改系统默认值，则需要在 Master 配置文件中调整 renderer 选项。默认值是：

```
renderer: yaml_jinja
```

也可以在 Minion 上使用 file.managed State 创建文件时指定模板引擎：

```
apache2_conf:
  file:
    - managed
    - name: /etc/apache2/apache2.conf
    - source: salt://apache2/apache2.conf
    - template: jinja
```

Jinja 快速入门

由于 Jinja 是 Salt 中最常用的模板引擎，因此在这里我们着重介绍一下它。Jinja 学习成本并不高，一些基本的了解之后就可以快速使用它。

变量可以通过闭合的双大括号来引用。如有一个叫作 user 的 Grain，可以通过如下方法访问：

```
The user {{ grains['user'] }} is referred to here.
```

也可以使用同样的方式访问 Pillar：

```
The user {{ pillar['user'] }} is referred to here.
```

但是如果 Pillar 或 Grain 中并没有设置 user，模板将无法正确渲染。一个更安全的方法是使用内置的 salt 交叉调用执行模块：

```
The user {{ salt['grains.get']('user', 'larry') }} is referred to here.
The user {{ salt['pillar.get']('user', 'larry') }} is referred to here.
```

在这两个例子中，如果 user 没有设置，则默认会使用 larry 这个值。

我们也可以通过搜索 Grain 和 Pillar 来让模板变得更动态。使用 config.get 方法，Salt 会首先搜索 Minion 配置文件中的值，如果没有找到，则会检查 Grain；如果还没有，则搜索 Pillar。如果还没有找到，它会搜索 Master 配置。如果全部都没找到，它会使用提供的默认值。

```
The user {{ salt['config.get']('user', 'larry') }} is referred to here.
```

代码块通过闭合的大括号和百分号进行表示，如想在模板中设置一个局部变量（就是无法通过 config.get 获取到的），可以使用 set 关键字：

```
{% set myvar = 'My Value' %}
```

由于 Jinja 基于 Python，因此大多数 Python 数据类型都是可用的。如列表（list）和字典（dictionary）：

```
{% set mylist = ['apples', 'oranges', 'bananas'] %}
{% set mydict = {'favorite pie': 'key lime', 'favorite cake': 'saccher
torte'} %}
```

同时 Jinja 也提供逻辑处理，用于定义模板使用哪个部分、如何使用。条件判断使用 if 块。如下所示：

```
{% if grains['os_family'] == 'Debian' %}
apache2:
{% elif grains['os_family'] == 'RedHat' %}
httpd:
{% endif %}
  pkg:
    - installed
  service:
    - running
```

在类 Debian 的系统中，Apache 软件包叫作 apache2，在类 Red Hat 的系统中，则该包的名字为 httpd。该 State 的其他部分则是相同的。该模板会自动判断 Minion 的系统类型，然后按照规则安装正确的软件包及启动对应的服务。

循环执行使用 for 块，如下：

```
{% set berries = ['blue', 'rasp', 'straw'] %}
{% for berry in berries %}
{{ berry }}berry
{% endfor %}
```

总结

Salt 最初的设计是用于远程执行。因此 Salt 大多数的任务都是一种类型的远程执行。Salt 中一种最常见的远程执行的类型是通过 State 进行配置管理。Minion 的特征数据可以通过 Grain 和 Pillar 进行声明,并能够在 State 文件和模板中使用。

对 Salt 有了基本的了解后,我们学点更有用的。在第 2 章,我们将深入了解 Salt 内部,讨论 Salt 这么做的原因和方式。

第2章

深入 Salt 内部

我们已经对 Salt 有了基本的了解，是时候看一下 Salt 在 hook 下是如何工作的了。在本章中，我们将会：

- 探索 Salt 是如何管理配置文件的。
- 查看渲染器系统（Renderer system）是如何工作的。
- 讨论加载系统（Loader system）是如何加载模块（module）的。
- 探究极大推动了 Salt 的 State 编译器（State compiler）。

有了对 Salt 内部更深入详细的了解后，你会从 Salt 的设计灵感中获取关于配置（configuration）和 State 的更高级的用法。

理解 Salt 配置

Salt 配置的一个基础想法是配置管理系统（configuration management system）需要配置的地方尽量少。开发者们齐心协力，使默认值能够尽可能地满足大多数部署环境，同时也允许用户按照自己的需求进行良好的优化配置。

如果你只是刚刚接触 Salt，也许并不需要更改任何配置。事实上，当前 Master 的默认配置在小规模的安装环境中已经满足需求，Minion 的配置也基本不需要更改。

配置树（configuration tree）

大多数的操作系统（主要基于 Linux）会默认将 Salt 的配置存放在/etc/salt/目录下。UNIX 发行版通常使用的是/usr/local/etc/salt/目录，而 Windows 一般用的是 C:\salt\目录。选择使用哪个目录通常是遵循操作系统的常用规范设计的，同时也是一个易于使用的路径。在本书的章节中，我们会使用/etc/salt/目录，但在实际环境中需要替换成你的操作系统对应的正确目录。

Salt 同时也使用了一些其他路径的文件。缓存通常存储在/var/cache/salt 目录下，socket 通常存储在/var/run/salt/目录下，State 树、Pillar 树以及反应器（Reactor）分别存储于/srv/salt/、/srv/pillar/和/srv/reactor/。在稍后的探索 SLS 目录一节中，我们将对它们做深入的了解。不过准确地说，它们并不算是配置文件。

/etc/salt/内部结构

在/etc/salt 目录下，你通常会看到有 Master 或 Minion 文件（如果你的 Master 主机也是个 Minion，你会看到两个文件都有）。/etc/salt/master 对应的是 *Master 配置*，/etc/salt/minion文件对应的是 *Minion 配置*。Master 和 Minion 进程使用各自对应的配置文件。

有一些用户由于组织需要，需要将这些配置划分到更小的配置文件中。更重要的原因是 Salt 能够管理自身，相对于使用一个超大的配置文件来说，将它们按照需要划分到更小的、独立的、模板化的文件中更容易管理。

因此 Master 也会默认引入在/etc/salt/master.d/目录（Minion 对应的是 minion.d/目录）中以.conf 为扩展名的文件。这和很多其他服务的设计一样，使用类似的目录结构。

Salt 中的其他子系统也会使用.d/这样的目录结构。尤其是 Salt Cloud，使用了大量这种目录。/etc/salt/cloud、/etc/salt/cloud.providers 及/etc/salt/cloud.profiles 文件也可以分别拆解到/etc/salt/cloud.d/、/etc/salt/cloud.providers.d/及/etc/salt/cloud.profiles.d/目录。另外用于存放 cloud map 配置的文件也建议存放到/etc/salt/cloud.maps.d/目录下。

和 Salt 其他地方的配置格式一样，这些核心配置文件的格式必须是 YAML 格式的（除了 cloud map，对于它将在第 5 章中进行讨论）。这是必要性决定的，Salt 的出发点是需要一切配置稳定。同样地，默认情况下 Salt 会以硬编码的方式去/etc/salt/目录下查找配置文件，当然也可以通过--config-dir（或-C）选项来覆盖这个目录：

```
# salt-master --config-dir=/other/path/to/salt/
```

管理 Salt 密钥

在/etc/salt 目录下，有一个 pki/目录。它下边会有 master/或 minion/目录（也可能都有）。这里用来存放公钥（public key）和私钥（private key）。

Minion 上的/etc/salt/pki/minion 目录下只会有 3 个文件：minion.pem（Minion 的 RSA 私钥）、minion.pub（Minion 的 RSA 公钥），以及 minion_master.pub（Master 的 RSA 公钥）。

Master 也会将它的 RSA 密钥存放在/etc/salt/pki/master/目录下：对应的是 master. pem 和 master.pub。同时在这个目录下边也会至少有 3 个目录。minions.pre/目录下包含所有已经连接 Master 但当前并没有被接受（accpet）的 Minion 的 RSA 公钥。minions/目录下包含已经被 Master 接受的 Minion 的 RSA 公钥。minions_rejected/目录下会包含已经连接 Master 但被 Master 拒绝的 Minion 的密钥。

这些并没有特别需要注意的。用户可以在 Master 端通过 salt-key 命令在这些目录中按照需求移动 Minion 的公钥。如果有需要，用户也可以自己制作工具通过移动文件来管理 key。

探索 SLS 目录

之前曾提到，Salt 也会使用系统中的其他目录树。这些目录中最重要的就是用于存储 SLS 文件的目录，默认为/srv/目录。

在 SLS 目录中，/srv/salt/可能是最重要的。这个目录用于存储 State SLS 文件及对应的 top 文件。同时它也是 Salt 内置文件服务器（file server）的默认根目录。这里通常会有一个 top.sls 文件和若干.sls 为扩展名的文件，以及一些带有.sls 文件的目录。关于这个目录的布局，在第 1 章中有详细的描述。

第二重要的目录是/srv/pillar/目录。这个目录用于维护需要使用的静态 Pillar 定义的副本。和/srv/salt/目录类似，这里也会有一个 top.sls 文件和若干.sls 为扩展名的文件，以及一些带有.sls 文件的目录。top.sls 的格式与/srv/salt/中的 top.sls 一致，但.sls 文件内容却只是一些键值对（key/value pair）。当然它们也可以使用 Salt 渲染器（Renderer，将在稍后的渲染器一节中详细描述）。Pillar 的结果数据并不需要符合 Salt 的 State 编译器（将在稍后的深入 *State* 编译器一节中详细描述）。

另一个对你可能有用的目录是/srv/reactor/目录。不像之前的目录，这个目录下并没有 top.sls 文件。这是因为它的映射关系存储在 Master 配置文件中，而不是存放在 top 系统中。但这个目录下的文件有特定的格式，将在第 4 章中详细描述。

Salt 缓存

Salt 同时也维护了一个缓存目录，通常在/var/cache/salt/目录（各个操作系统中可能有差异）。和之前一样，Master 和 Minion 有各自的缓存数据目录。Master 缓存目录比 Minion 缓存目录的内容更多，因此我们将首先学习一下 Master 的缓存目录。

Master 任务缓存

你每天可能最常用的第一个缓存目录是 jobs/目录。在默认配置中，该目录存储所有 Master 执行的任务数据。

这个目录使用 hash 映射（hashmap）样式存储。hash 映射样式是指每条信息（本例中是任务 ID 或 JID）通过 hash 算法进行运算，然后按照 hash 值的全部或一部分内容创建目录或目录结构。在本例中，使用分片 hash 模式，使用 hash 值的前两个字符创建父目录，子目录以切除前两个字符后的 hash 内容进行创建。

Salt 默认使用的 hash 类型是 MD5，算法可以通过修改 Master 配置中的 hash_type 的值进行调整：

```
hash_type: md5
```

需要注意的是，hash_type 是一个非常重要的选项，如果想调整为其他值，应该在部署 Salt 架构时进行调整。如果已经部署完毕，想调整为其他的值（如 SHA1），为了确保生效需要先手动清理缓存。在本书中将直接使用默认的 MD5。

JID 非常容易理解，它就是一个日期及时间戳。如任务 ID 为 20141203081456191706，代表该任务产生于 2014 年 12 月 3 日 8 点 14 分 56 秒 191706 微秒。该 JID 对应的 MD5 是 f716a0e8131ddd6df3ba583fed2c88b7。因此该任务的数据会存储在如下目录：

```
/var/cache/salt/master/jobs/f7/16a0e8131ddd6df3ba583fed2c88b7
```

在该目录中，你会找到一个名为 jid 的文件，它的内容包含该任务 ID。同时也会看到、找到一些以 .p 作为扩展名的文件。这些文件通过 msgpack 进行序列化。

查看 msgpack 文件内容

如果你之前已经从 Git 中获取了一份 Salt 副本,查看 msgpack 文件内容将非常简单。在 Salt Git 树的 test/ 目录下,有一个名为 packdump.py 的文件。此文件用于转换 msgpack 文件的内容到控制台。

首先,这里有一个叫作.minions.p(注意文件名前边包含一个点),它的内容包含本任务匹配的 Minion 列表。类似于如下内容:

```
[
    "minion1",
    "minion2",
    "minion3"
]
```

任务自身被.load.p 文件描述:

```
{
    "arg": [
        ""
    ],
    "fun": "test.ping",
    "jid": "20141203081456191706",
    "tgt": "*",
    "tgt_type": "glob",
    "user": "root"
}
```

同时在目录下也有被任务匹配到的每个 Minion 的子目录,用于存放每个 Minion 对于本任务的返回信息。在每个 Minion 子目录下,有一个文件名为 return.p 的文件,通过 msgpack 进行序列化,包含的是任务返回数。假设问题任务是一个简单的 test.ping,那么 return.p 类似于如下内容:

```
{
    "fun": "test.ping",
    "fun_args": [],
    "id": "minion1",
    "jid": "20141203081456191706",
    "retcode": 0,
```

```
    "return": true,
    "success": true
}
```

Master 端的 Minion 缓存

一旦 Salt 开始执行任务，缓存目录下会产生名为 minions/ 的缓存目录。这个目录下包含以每个 Minion ID 命名的子目录，用于存放 Minion 的缓存数据。在对应的目录下，会有两个文件：data.p 及 mine.p。

data.p 文件包含对应 Minion 的 Grain 及 Pillar 数据的副本。（缩减版）data.p 文件类似如下内容：

```
{
    "grains": {
        "biosreleasedate": "01/09/2013",
        "biosversion": "G1ET91WW (2.51 )",
        "cpu_model": "Intel(R) Core(TM) i5-3210M CPU @ 2.50GHz",
        "cpuarch": "x86_64",
        "os": "Ubuntu",
        "os_family": "Debian",
    },
    "pillar": {
        "role": "web"
    }
}
```

mine.p 文件包含 mine 数据。本书并没有关于 mine 的详细介绍。简单地说，mine 是指 Minion 可以配置成将指定命令的返回数据缓存到 Master 的缓存目录，用于其他 Minion 查询使用。例如，假设 mine 中配置了 test.ping 和 network.ip_addrs，那么 mine.p 文件类似于如下内容：

```
{
    "network.ip_addrs": [
        "192.168.2.101"
    ],
    "test.ping": true
}
```

外部文件服务器缓存

默认安装的 Salt，会将 /srv/salt/ 目录下的内容用作文件服务。此外，还可以使用一个外部文件服务器，就像名字所定义的那样，维护着外部文件存储。例如，外部文件服务器 gitfs 将文件存储在 Git 服务端，比如 GitHub。如果每次都让 Salt Master 去 Git 服务器上直接获取文件将非常低效。为了提高效率，在 Master 端会存储 Git 树的副本。

文件树的内容和布局会因外部文件服务器模块的不同而多样化。如 gitfs 模块并不会存储类似于 Git checkout 一样完整的目录树，它只会保存用于创建指定分支的缓存树的信息。其他的外部文件服务器有可能会包含外部源的完整副本，并定期更新它。gitfs 缓存的完整路径是：

```
/var/cache/salt/master/gitfs/
```

其中 gitfs 是该文件服务器模块的名称。

为了追踪文件的变化，在外部文件服务缓存目录下会有一个叫作 hash/ 的子目录。在 hash/ 下边，会有每个环境（environment）对应的目录（如 base、dev、prod 等）。这些目录看起来像是文件树的一个镜像。但是每个真实文件名后边都有 .hash.md5（如果指定的 hash_type 为其他，则会是对应的名字），内容是该文件的 hash 检查结果。

同时在文件服务缓存中，有另外一个名为 file_lists/ 的目录，目录下会有每个环境对应的 .p 扩展名的文件（如 base.p 对应的就是 *base* 环境）。这个文件包含属于该环境目录树的文件及目录列表。简略版本如下：

```
{
  "dirs": [
    ".",
    "vim",
    "httpd",
  ],
  "empty_dirs": [
  ],
  "files": [
    "top.sls",
    "vim/init.sls",
    "httpd/httpd.conf",
    "httpd/init.sls",
  ],
```

```
    "links": []
}
```

这个文件帮助 Salt 进行快速的目录结构查找，而无须层层递归目录树。

Minion 端的 proc/目录

Minion 并不像 Master 那样需要维护很多缓存目录，但它也需要维护两个缓存目录。首先是 proc/目录，它维护的是当前 Minion 正在运行的任务数据。通过在 Master 端给 Minion 下发一个 sleep 命令的操作，可以非常容易地看到这个目录：

salt myminion test.sleep 300 --async

这个操作会让 Minion 在返回 *True* 给 Master 之前先等待上 300 秒（5 分钟）。由于命令中包含--async 选项，Salt 会立即返回 JID 给用户并退出。

此时，任务在 Minion 端开始运行，我们可以看一下 Minion 端的/var/cache/salt/minion/proc/目录。它下边会有一个以 JID 内容命名的文件。转换后的内容如下：

```
{'arg': [300],
 'fun': 'test.sleep',
 'jid': '20150323233901672076',
 'pid': 4741,
 'ret': '',
 'tgt': 'myminion',
 'tgt_type': 'glob',
 'user': 'root'}
```

这个文件将会在 Minion 端任务完成后消失。如你所想，你也可以在 Master 上看到相应的文件。可以使用 hashutil.md5_digest 方法来获取 JID 的 MD5 值：

 # salt myminion hashutil.md5_digest 20150323233901672076

外部模块

你也许已经在 Minion 的缓存目录中发现了 extmods/目录。如果自定义的模块（使用 Master 端的 _modules、_states 等目录）从 Master 上同步到 Minion 上，它们将会存放在这里。

通过如下操作，你可以很清楚地看到这个过程。在 Master 端的/srv/salt/目录下创建名

为 _modules 的目录。在该目录下，创建一个名为 mytest.py 的文件并包含如下内容：

```
def ping():
    return True
```

接下来，在 Master 端使用 saltutil 模块同步刚刚自定义的模块到 Minion 上：

salt myminion saltutil.sync_modules

等待一会后，Salt 会报告它已经完成操作：

```
myminion:
    - modules.mytest
```

登录到 Minion 上并进入 /var/cache/salt/minion/extmods/modules/ 目录。你会发现它下边有两个文件：mytest.py 及 mytest.pyc。查看 mytest.py 的内容，你会发现它和刚刚在 Master 上创建的自定义模块内容一样。你也可以在 Master 端执行 mytest.ping 方法：

```
# salt myminion mytest.ping
myminion:
    True
```

渲染器

除了 Master 和 Minion 的主配置文件必须使用 YAML 格式存储外，Salt 的其他文件都可以使用其他更加丰富的现代化文件格式。这是因为 Salt 内建了渲染器系统（rendering system），可以将各式各样的格式渲染成 Salt 可以使用的结构。

渲染 SLS 文件

默认情况下，Salt 中的所有 SLS 文件会渲染两次：首先通过 Jinja 模板引擎进行渲染，然后再使用 PyYAML 类库进行渲染。这样做有几个重要的原因。

- **Jinja** 提供一个快速、强劲的并易于理解和使用的模板系统，按照 Pythonic 风格使用，对很多管理员来说非常友好。它也非常适用于管理 YAML 文件。
- **YAML** 学习成本低，学习和理解都非常容易。并且支持很多复杂的语法，如圆括号、中括号、大括号等（从技术上讲 JSON 是语法正确的 YAML），这些复杂的语法并不是必需的。

然而，正如之前见到的渲染器例子，对于用户来说哪种格式最适用他们的环境，是仁者见仁智者见智的。

- 对于 YAML 来说，其他软件中使用最多的替代方案是 JSON。JSON 格式更为严格，使它有时候比较难读，并且正确地书写也有点难度。但是，正是由于 JSON 对于数据定义更为严格，因此相对于 YAML 来说格式更精准、更容易安全解析。

- Mako 也很早就加入到 Salt 工具集中。Jinja 添加足够多的方法用来创建一个动态的工具集，而 Mako 设计就是为了给 Python 带来全力的模板化支持。这样的设计深受一些 DevOps 社区用户的喜爱，他们知道如何使用一些创新的方法来混合代码内容。

Salt 的主要设计目标之一是提供足够的灵活性，因此渲染器系统就像其他的 Salt 组件一样设计为可插拔。尽管默认使用 Jinja 和 YAML，但允许根据需求替换为其他或更多的渲染器。

如果你需要从 yaml_jinja 更改全局渲染器，则需要在 Master 配置文件中进行如下配置：

```
renderer: json_mako
```

但是在修改前，你需要认真地确认这样做是不是最好的。需要注意的是社区的例子、仓库及 formulae 都使用 YAML 保存，如果需要使用模板，则通常使用 Jinja。如果进行了修改，会影响你处理社区或企业客户的支持问题，也可能给你公司其他有 Salt 使用经验的同事造成迷惑。

就如之前所说，标准的格式是 Jinja + YAML，但 Salt 也允许在一小部分 SLS 文件中使用其他渲染器。

渲染器管道

就如之前提到的，SLS 文件渲染时会使用默认配置。但它也允许你在文件顶部通过 *shebang*（也称为 *shabang*）的方式来更改文件的渲染器。例如 SLS 文件只想使用 YAML 进行渲染，可以在文件开头位置添加如下内容：

```
#!yaml
```

然而在 Salt 的世界中，只使用 YAML 进行渲染不切实际。添加一个模板引擎（templating engine）能显著提高 SLS 文件的能力。为了有序使用这些渲染器，修改 shabang 行为如下内容，并使用管道（pipe）符进行分隔：

```
#!jinja|yaml
```

这有点类似于 UNIX 系统中使用管道来连接各个小程序，最终组成强大的、更多特性的程序。Salt 中对于使用多少管道符分隔的渲染器并没有限制：

```
#!mako|pyobjects|jinja|yaml|json
```

但是，如此多渲染器并不合实际。你会发现在日常使用中，通常并不需要超过两种渲染器。另一方面，过多的渲染器使 SLS 文件生涩难懂，且难以维护。请按照实际的需求使用，千万别贪多。

需要注意的一点是，SLS 文件的最终结果是有特定的数据结构的。更准确地说，SLS 文件的最终数据能够让 msgpack 进行序列化。这点不同于 Salt 内部的其他子系统（特别是缓存系统）。在本章稍后的深入 *State* 编译器一节中我们将通过 State 编译器来对 SLS 的结果文件进行更详细的描述。

模板文件服务

并非只有 SLS 文件能够利用渲染器。SLS 中提供文件服务的文件也可以使用模板引擎进行渲染。这些文件并不是 SLS 文件，因为它们并不需要返回一个特定数据格式。只需把 Salt 提供的任意文件内容导出即可。

最常见的用法是 file.managed 这个 State。给这个 State 添加一个 template 参数会使用指定的渲染器渲染文件内容：

```
/etc/httpd/conf/httpd.conf:
  file.managed:
    - source: salt://httpd/httpd.conf
    - template: jinja
```

由于模板文件并不需要返回数据，专门处理数据格式的渲染器在这里无法使用。因此像 YAML、JSON、msgpack 及各种基于 Python 的渲染器在这里无法使用。但像 Jinja、Mako、Cheetah 及类似的模板引擎可以在这里使用。

理解加载器

加载器系统（Loader system）是 Salt 运作的核心。简而言之，Salt 就是一个模块收集器，使用加载器收集模块并绑定在一起。无论是哪种用于 Master、Minion 及 Syndic 中的传输机制，都需要通过加载器进行模块的管理。

动态模块

Salt 的加载器系统有点不合常规。大多数传统软件在设计时需要所有支持的组件都必须事先安装好。当然这种规则并不适用于每种软件包。如 Apache Web 服务器就是其中的一个，并不需要所有支持的组件都事先安装好。在基于 Debian 的操作系统中，会通过 modules-available/ 及 modules-enabled/ 目录来管理 Apache 模块。基于 Red Hat 的系统则有点不同：所有 Apache 支持的组件会在安装 httpd 包时一并安装。

对于 Salt 来说这样的需求有点不切实际。默认安装下的 Salt 就能够支持大多数组件包，但其中一些会互相冲突（而且某些组件在某种程度上，和 Salt 自身冲突），也就是说，如果想为 Salt 构建这样的依赖关系树，实际会把 Salt 变成自己的操作系统。

但是这样说并不完全准确。因为 Salt 支持众多不同的 Linux 发行版、部分 UNIX 分支甚至是 Windows。确切点说，安装 Salt 所有支持的组件包，实际会把 Salt 变成几个互斥的操作系统。很显然，这不可能做到。

Salt 通过多种方式来处理这个问题。首先 Grain（在第 1 章中有详细的描述）为 Salt 提供了用于识别所运行平台的重要信息。如 os 及 os_flavor 等 Grain 能够让 Salt 知道是使用 yum 还是 apt 来管理软件包，或该使用 systemd 还是 upstart 来管理服务。

每个模块也可以检查系统的其他依赖项。如 Salt 的 apache 模块需要使用 apachectl 命令（也可能由于系统的不同使用 apache2ctl），它需要去检查系统中该命令是否存在，如果存在则该模块有效。

这种技术会在 Minion 进程启动后进行侦测，确定哪些模块可用。

在最近的版本中，Salt 加载器系统具有了按需加载模块的能力。支持 *Lazy Loader* 方法的模块会在用户请求时才加载。这种技术能够提升 Minion 启动进程的效率，并更有效地使用可用的资源。

执行模块

提起 Salt 最常说的就是处理执行模块。这是因为 Salt 设计的初衷就是作为一个远程执行系统，添加到加载器的大多数模块类型都是用于扩展远程执行功能的。

举个例子，State 模块设计的一个目的就是强制系统的某方面为指定的状态。比如确保指定的软件包已经安装，或者服务处于运行中。State 模块自身并不进行软件包的安装或服务的启动，它会调用执行模块来完成操作。因此 State 模块唯一的任务就是为执行模块添加 idempotency。

可以这么说，runner 模块和执行模块最重要的区别是，runner 模块的设计是在 Master 上运行，而执行模块的设计是在远端的 Minion 上运行。不过，实际 runner 的设计还有其他的特性。系统管理员喜欢使用 shell 脚本，从 UNIX 的 csh 到 Linux 的 bash，甚至是 DOS 和 Windows 的批处理文件，这已是长期实行的标准了。

runner 模块的设计目的是允许 Salt 用户使用脚本语言来远程执行。因为 Salt 的很多早期用户本身也是 Python 用户，对于他们来说使用 Python 作为他们的脚本语言并没有什么难度。而随着 Salt 用户的增长，越来越来的用户并不熟悉 Python，但随着 Salt 的发展为他们提供了其他方式的支持。

反应器模块（在第 4 章中有详细描述）是一种能够使用执行模块和 runner 模块的模块类型，它并不需要用户有编程经验。由于 Salt State 实际调用的是 State 执行模块，因此反应器也可以用于 State。

Cloud 模块

Cloud 模块并不像大家之前所熟知的 Salt 模块，可能是因为 Salt Cloud（将在第 5 章中进行详细描述）最初是作为一个独立的项目。虽然它也使用加载器系统（Loader system），但它们的工作方式有些差异。

不像 Salt 中的其他模块，Cloud 模块并不能用于执行模块（虽然有一个用于 Salt Cloud 的执行模块）。这部分是因为 Salt Cloud 设计用于 Salt Master 上，也不能用于 runner 模块（尽管同样有一个用于 Salt Cloud 的 runner 模块）。

Salt Cloud 的最初目的是在各种公有云供应商处创建新的虚拟机，并在 Salt Master 上自动接受它们的 Salt Key。然而它发展得非常迅速，用户想对云服务商提供的服务尽量多控制，而不仅仅只是创建虚拟机。

现在 Salt Cloud 已经能执行云服务商支持的多种操作了。有一些服务商支持的功能比其他的服务商多。这在某些情况下是因为需求还没有提供，其他情况可能是因为合适的开发者并没有资源来完成这个功能。更常见的情况是由于供应商自身的特性限制。无论是哪种情形，只要该特性可用，就可以通过加载器系统加载使用。

深入 State 编译器

Salt 设计之初是作为一个远程执行系统，收集监控系统所需的数据，并存储起来用于以后分析。然而随着功能的增加，管理执行模块的需求不断升级。此时 Salt State 应运而生了，不久之后，该引擎扩展到 Salt 的其他领域。

命令式与声明式

在各个配置管理系统中的一个争论就是该使用声明 (declarative) 式配置还是命令 (imperative) 式配置。在我们讨论 Salt 在这件事情上是如何处理之前，我们先来解释一下这两个的区别。

对于命令式编程 (imperative programming) 来说，就如同一个脚本：执行任务 A，待完成后，执行任务 B；B 完成后，执行任务 C。这也是很多管理员常常做的，特别类似于 shell 脚本。Chef 本质上就是命令式配置管理系统。

声明式定义 (declarative definition) 是一个较新的概念，典型的就是面向对象编程 (object oriented programming)。基本的理念是用户声明哪些任务需要执行，然后软件按照它们适合的顺序进行执行。通常情况下，也可以声明依赖 (dependency) 以保证直到依赖完成后对应的任务才能完成。Puppet 本质上是声明式配置管理系统广为人知的例子。

Salt 是唯一一个支持命令式顺序以及声明式执行的系统。如果没有定义依赖，默认情况下 Salt 会尝试按照 SLS 文件中定义的顺序执行 State。如果一个 State 因为需求的任务在之后才出现而导致运行失败，那么完成整个任务就需要 Salt 运行多次。

不过，如果定义了依赖，则 State 的处理过程会有所不同。它们依然按照它们的位置顺序进行评估，但依赖会使它们按照不同的顺序执行。如下 Salt State：

```
mysql:
  service:
    - running
  pkg:
    - installed
  file:
    - managed
    - source: salt://mysql/my.cnf
    - name: /etc/mysql/my.cnf
```

在 Salt 刚开始支持 State 的头几个版本中，会按照如下方法进行评估：文件（file）会首先被复制到指定位置，然后软件包（package）才安装，最后服务（service）才启动。因为在英文字母次序中，F 字母在 P 之前，P 在 S 之前。值得高兴的是，这恰好是需要的执行顺序。

不过，现在 Salt 默认的排序系统是命令式的，即 State 是按照它们在文件中的位置顺序进行评估的。Salt 会尝试启动 mysql 服务，由于软件包并没有安装，所以服务启动会失败。然后它会尝试安装 mysql 软件包，它会安装成功。如果这是基于 Debian 的系统，软件包安装后会自动启动服务，但此时并没有正确的配置文件。最后 Salt 会复制 my.cnf 文件到指定的位置，但它并不会尝试重启服务用于使配置生效。第二次执行 Salt 时会显示 3 个状态都执行成功（服务运行中，软件包已安装，文件按照需求进行了配置），但仍需要手动重启 mysql 服务。

requisite

为了解决顺序问题产生的错误，Salt 使用了 requisite。它会影响 State 评估和执行的顺序。如之前的 Salt State 变更成如下内容：

```
mysql:
  service:
    - running
    - require:
      - package: mysql
    - watch:
      - file: mysql
  pkg:
    - installed
    - require:
      - file: mysql
  file:
    - managed
    - source: salt://mysql/my.cnf
    - name: /etc/mysql/my.cnf
```

尽管定义的 State 顺序并不合适，但它们会被正确评估和执行。

以下是我们定义的状态顺序。

1. service：mysql。
2. pkg：mysql。
3. file：mysql。

此时，`mysql service` 执行时需要先执行 `mysql package`，因此在执行 `mysql service` 前，它会查找并评估 `mysql package`。但在执行 `mysql package` 时，需要先执行 `mysql file`。所以它又跳到 `mysql file` 的部分进行评估。由于 file State 没有其他依赖，因此 Salt 会执行它。完成了 pkg State 需求的列表项后，Salt 才会回到 pkg State 并执行。最后所有 service 需求都完成后，Salt 会回到 `service` State 并执行。

随着 service State 成功执行，Salt 会移动到下一个 State，并检查它是否已经执行。Salt 会重复这样的动作，直到所有的 State 都已经评估和执行完毕。

Salt 以这样的方式使其具备命令式特性（按照语句的位置顺序进行执行）和声明式特性（允许基于 requisite 进行语句执行）。

High State 与 Low State

High State 是 Salt 中最容易混淆的概念之一。用户通过执行 `state.highstate` 这个 Salt 命令了解到有这个概念，但"High State"到底是什么意思？既然存在 High State，是不是就意味着同样存在"Low State"？

实际上 State 系统有两部分。"High"数据一般指用户可见的数据。"Low"数据一般指被 Salt 提取并使用的数据。

High State

如果你已经使用了 State 文件，那么就已经看到了 High State 系统的方方面面。这里有 3 个特定的组件，每个组件都是在前一个基础之上构建的。

- High 数据。
- SLS 文件。
- High State。

每个单独的 State 对应的就是一块 high 数据。之前的 SLS 文件可以拆分成如下独立的 State（本例只是演示，请忽略掉顶级重复的 Key，它会导致 YAML 文件非法）：

```
mysql:
  service:
    - running
    - require:
```

```
    - pkg: mysql
  - watch:
    - file: mysql

mysql:
  pkg:
    - installed
    - require:
      - file: mysql

mysql:
  file:
    - managed
    - source: salt://mysql/my.cnf
    - name: /etc/mysql/my.cnf
```

它们联结在一起，连同其他 State 共同组成了一个 SLS 文件：

```
iptables:
  service:
    - running

mysql:
  service:
    - running
    - require:
      - package: mysql
    - watch:
      - file: mysql
  package:
    - installed
    - require:
      - file: mysql
  file:
    - managed
    - source: salt://mysql/my.cnf
    - name: /etc/mysql/my.cnf
```

这些文件可以使用 include 进行绑定，最后在 top.sls 文件内的一个环境中使用，就组成了 High State。

top.sls

```
base:
  '*':
    - mysql
```

mysql.sls

```
include:
  - iptables

mysql:
  service:
    - running
    - require:
      - package: mysql
    - watch:
      - file: mysql
  package:
    - installed
    - require:
      - file: mysql
  file:
    - managed
    - source: salt://mysql/my.cnf
    - name: /etc/mysql/my.cnf
```

iptables.sls

```
iptables:
  service:
    - running
```

当执行 state.highstate 方法时，Salt 会编译在 top.sls 中所有相关的 SLS 及对应的 include，编译到单独的定义（definition）中，称为 High State。High State 可以通过 state.show_highstate 方法查看：

```
# salt myminion state.show_highstate --out yaml
```

```
myminion:
  iptables:
    service:
    - running
    - order: 10000
    __sls__: iptables
    __env__: base
  mysql:
    service:
    - running
    - require:
      - pkg: mysql
    - watch:
      - file: mysql
    - order: 10001
    pkg:
    - installed
    - require:
      - file: mysql
    - order: 10002
    file:
    - managed
    - source: salt://mysql/my.cnf
    - name: /etc/mysql/my.cnf
    - order: 10003
    __sls__: mysql
    __env__: base
```

在这个输出中，可以注意到包含了一些额外的字段。首先，声明了 order。用户可以在 SLS 文件中显式声明该字段，值是实数，或 first 和 last 关键字。所有 order 为 first 的 State 会首先调整自己的次序。然后数值化的 order 的 State 紧随其后排序。接下来 Salt 会给 last 定义的数字（默认是 0）加 10000，作为那些没有显式声明 order 的 State 的次序，然后加入。最后，加入那些 order 设置为 laster 的 State。

Salt 也会添加一些用于内部的变量，如该状态所处的执行环境（__env__），该 State 声明来自于哪个 SLS 文件（__sls__）。

需要记得的是顺序并不只有一个起始点（starting point），在真实的 Hight State 中，会首先基于 requisite 执行，然后才是 order。

Low State

一旦最终的 High State 生成后，会被发送给 State 编译器。State 数据会被重新格式化成 Salt 内部使用的数据格式，用于评估每个声明（declaration），以及推送到每个 State 模块（必要时会调用执行模块）。和 high 数据一样，low 数据也可以拆分成如下独立的部分。

- Low State。
- Low 区块（chunk）。
- State 模块。
- 执行模块（execution module）。

low 数据可以使用 state.show_lowstate 方法进行查看：

```
# salt myminion state.show_lowstate --out yaml
    myminion:
    - __env__: base
      __id__: iptables
      __sls__: iptables
      fun: running
      name: iptables
      order: 10000
      state: service
    - __env__: base
      __id__: mysql
      __sls__: mysql
      fun: running
      name: mysql
      order: 10001
      require:
      - package: mysql
      state: service
      watch:
      - file: mysql
```

```
 - __env__: base
   __id__: mysql
   __sls__: mysql
   fun: installed
   name: mysql
   order: 10002
   require:
   - file: mysql
   state: package
 - __env__: base
   __id__: mysql
   __sls__: mysql
   fun: managed
   name: /etc/mysql/my.cnf
   order: 10003
   source: salt://mysql/my.cnf
   state: file
```

所有的这些内容组成了 *Low State*。每个独立项是一个 *Low* 区块。第一个 *Low* 区块如下：

```
 - __env__: base
   __id__: iptables
   __sls__: iptables
   fun: running
   name: iptables
   order: 10000
   state: service
```

每一个 low 区块会映射(map)到一个 State 模块(在本例中是 service)及该模块下的一个方法(在本例中是 running)。同时也提供一个 ID (__id__)。Salt 通过使用 State 和 __id__ 的组合映射 State 之间的关系（本例中是 requisite）。如果用户没有声明 name，则 Salt 会自动使用 __id__ 作为 name。

一旦调用了某个 State 模块中的某个方法，通常也会映射到一个或多个实际运行的执行模块中。让我们先花些时间检查下在 Salt 运行到这个节点时，接下来发生了什么。

实行 State 化

执行模块定义比较宽松，而 State 模块更为严谨。State 模块总是期望某些行为发生。

- State 模块总是需要一个名称（name）。
- State 模块总是返回如下数据格式。
  - name
  - result
  - changes
  - comment

在使用监控 State 的例子（在第 9 章中将详细介绍）中，也会返回一个数据字典。

name

name 是指被 State 模块所管理的特定的部分信息。在服务（service）例子中，它是服务的名字，会被 Minion 的服务管理器识别（如 apache2）。当在文件（file）例子中，它是 Minion 端本地文件的完整路径（如/etc/apache2/apache2.conf）。

当 State 执行结果返回给用户时，name 用于识别被评估的 State。

result

result 只会返回 3 个值：True、False 和 None。

当 State 返回的 result 为 True 时，表示依照执行结果，Salt 认为目标资源已经按照期望进行了配置。可能是目标资源已经正确配置了（不需要做任何处理），或是 State 模块执行了必要的步骤成功实行了期望的配置。

当状态返回的 result 为 False 时，表示依照执行结果，Salt 认为尽管做出了尝试，但是目标资源的状态和期望不一致（如执行失败）。

正常运行 State 则永不返回 None。这个值保留给以 test 模式运行的 State。test 模式通常称为 dry run。如执行如下操作时：

```
salt myminion state.highstate test=True
```

深入 State 编译器

当 State 运行在 test 模式下，Salt 并不允许改变系统上的资源。当一个资源和期望的一样时，会返回 True。当 Salt 侦测到状态不一致，需要改变资源状态时，它会返回 None 通知用户。

changes

changes 是一个列表，它并不会出现在 test 模式中，因为它仅仅表示系统中资源达到需要的配置过程中进行了哪些变更，因此它也只会出现在当 result 返回值为 True 的时候。changes 列表的内容依赖于执行的状态模块。

comment

不管执行结果是否导致了系统变化，或者 State 是否执行成功，都需要用易读的格式填充 comment 字段的用户附加信息，用于帮助后续的分析。

任何类型的 State 运行后，都会返回所有的这些字段。在这些信息后，会显示一个汇总信息，包含有多少变更产生，有多少是成功的，有多少是失败的。一个成功的 State 树不能有一个 State 运行失败。当出现问题时，这些字段的组合将会非常有用。

总结

我们已经讨论了 Salt 如何管理自己的配置，同时也了解了加载器（Loader）及渲染器系统（Render system）。我们同时也着重学习了 State 系统是如何工作的。

现在我们已经对 Salt 在底层是如何工作的有了坚实的理解，我们可以更深入地学习更多、更强大的组件了。

接下来，我们将学习如何使用 Salt 来调用系统管理员的老朋友：SSH。

第3章

探索 Salt SSH

Salt 引入了强大的消息队列作为通信传输机制。有时候可能一些老旧的工具才更具效果。当必须要用到这些老旧工具的时候，也没理由去苛责。这就是 Salt SSH 创立的原因。这本章中，我们将接触到如下内容。

- 使用 Roster。
- 建立动态 Roster。
- 理解 salt-thin agent。
- 使用原生 SSH 模式。

掌握 SSH

相对于 Salt 的主要架构，SSH 的理念不同。Salt 的设计目标是为了一次就可以联系数量庞大的远程主机，而 SSH 设计是每次只和一个交互。接下来让我们花些时间来看看 Salt 和 SSII 之间到底有哪些不同。

远程 shell

让我们穿越到互联网没有形成前，ARPANET 刚刚建立的时代。伴随 ARPANET 这个新概念，全国甚至全球网络互联的发展，引入了一系列的新协议。同样在那个年代，引入了 telnet 这个利用这些协议的通信机制。互联网协议基于 telnet，包括一个远程 shell。

随着安全性需求的日益旺盛，所以需要加强 telnet 的安全性。SSH 就应运而生了，最终，*OpenSSH* 成为大多数 UNIX 平台默认搭载与支持的项目。SSH 的意思是安全的 Shell（Secure Shell），实际上设计的就是和传统 telnet 结合的安全隧道应用。默认的应用是 shell，取代传统的 telnet 和它的关联工具，同时也引入了更多新的特性。

这些协议发展所带来的意义就是，开发者和管理员可以使用基于 shell 的远程管理工具了。SSH 在两个远程系统之间提供了安全、高度（但并不完全）一致的平台和熟悉的工作环境。但从未设计用于多主机交互。

在 SSH 场景中，还有很多可用的解决方案。SSH 密码代理和无密码的 SSH key，结合强大的 shell 脚本来解决批量问题，这种解决方案已经有很多年历史了。有一个特别的叫作 *ClusterSSH* 的工具，允许多个登录窗口从一个地方接收输入，然后发送到所有的连接上。不久之后，内置于 SSH 的远程执行平台开始引入。

Salt SSH 并不是这些工具的先行者。它由 SaltStack 发布，提供给那些需要使用 Salt 背后的设计框架，但是需要以 SSH 的方式自动管理系统的用户使用。

使用 Roster

Salt 最初的设计和先辈们不一样，操作的时候无须传统数据库存储远程系统配置。由于 Salt 的消息总线能够直接从远程主机上检索信息，速度通常比进行数据库查询快，所以数据库的需求就微弱得多。

在传统的 Salt 基础设施中，是由 Minion 主动连接 Master，Master 并不需要存储 Minion 的网络和主机配置。当基于 SSH 连接时，这个规则转变了，因为 Master 必须通过 SSH 去连接它的 Minion。

Salt SSH 引入了 Roster 这个概念，用来保存主机信息。默认的 Roster 使用纯文本文件，足以胜任。更多的动态 Roster 的支持使 Roster 功能更强。

纯文本 Roster

正如其名，该 Roster 使用纯文本文件。通常存储为/etc/salt/roster，也可以通过--roster-file 选项变更路径：

```
# salt-ssh --roster-file=/etc/salt/altroster myminion test.ping
```

这个文件最基本的格式内容只需要两部分：Minion 的名字及用于连接该 Minion 的网络地址（IP 或主机名）：

(在/etc/salt/roster 中)

```
dufresne: 10.0.0.50
adria: 10.0.19.80
achatz: 10.0.200.5
blumenthal: 10.0.19.95
```

也可以为主机添加更多的必要信息：

(在/etc/salt/roster 中)

```
dufresne:
  host: 10.0.200.3
  user: wd50
adria:
  host: 10.0.19.80
  passwd: bulli
achatz:
  host: 10.0.200.5
  priv: /root/alinea.pem
blumenthal:
  host: 10.0.19.95
  sudo: True
```

截至 2015.5 版本，Roster 文本文件支持如下选项。

host

可以是 IP 地址或主机名地址。只能包含地址，不能包含其他信息，如协议、端口等。

port

它通常是 SSH 默认的 22 端口。如果 SSH 非标准安装，需要按照需求更改该值。

user

运行 salt-ssh 客户端的默认用户，通常是 root。如果系统管理任务经常使用 root 用户的话，默认值一般是可以的。如果用户名不同，就需要增加这个字段。

如果在同一主机上需要不同的用户来运行不同的任务，需要为每个用户创建各自的 Roster 条目。

passwd

如果使用密码认证，那么需要使用该选项来指定密码。由于该文件是一个明文文件，所以该文件对其他用户有读权限将是非常危险的。如果必须在 Roster 文件中指定密码，最好对该文件的读权限进行限制。

也可以在命令行通过--passwd 选项来指定密码：

```
# salt-ssh --passwd=verybadpass myminion test.ping
```

相应地，Salt SSH 也可以通过密码提示来避免在屏幕上显示明文密码：

```
# salt-ssh --askpass myminion test.ping
```

只有在第一次执行时才需要指定密码。Salt 会询问是否为以后的命令建立自己的访问 key(参见 priv 选项)。如果允许，后续的命令将使用 Salt 自己的 SSH Key 而不是使用用户密码。

sudo

当需要非特权用户执行特权命令时，需要将 sudo 选项设置为 True。该选项默认是 False。在 2015.5 版本中，务必确保指定用户 sudo 时无须密码。可以通过编辑 sudoers 文件来实现(通常使用 visudo 命令来编辑/etc/sudoers 文件)，为用户添加 NOPASSWD 参数：

```
    heston ALL=(ALL) NOPASSWD: ALL
```

priv

当需要带私钥（private key）访问 Minion 时，可以通过该选项自定义私钥路径。如果未定义 key，那么 Salt 会创建一个。默认路径通常是/etc/salt/pki/ssh/salt-ssh.rsa。

timeout

指定等待 SSH 连接建立的最大秒数。默认是 60。

thin_dir

这是目标 Minion 上 Salt thin agent 安装的目录。更多关于 salt-thin 的信息将在稍后的理解 *salt-thin agent* 一节中进行详细描述。

其他的内置 Roster

Salt 内置其他的 Roster，可以更加动态化定义主机和连接参数。当需要使用其他 Roster 类型时，需要在 salt-ssh 后指定 --roster 选项：

```
# salt-ssh --roster=cloud myminion test.ping
```

在 2015.5 版本中，Salt 除了纯文本 Roster 外，也内置了如下类型的 Roster 支持。

scan

这是 Salt SSH 内置的第一种动态 Roster。它直接使客户端尝试登录一定范围的 IP 地址去处理请求的命令。这个 Roster 是唯一不使用 Minion ID 的，而是直接使用扫描到的 IP 地址。

下面的命令会扫描一个小子网并为每个能够应答的 IP 地址返回 True：

```
# salt-ssh --roster=scan 10.0.0.0/24 test.ping
```

在使用 scan Roster 时，有一些需要考虑的问题。首先，需要连接的所有主机的连接信息都必须要一样（除过 IP 地址）。当然如果之前已经建立了 SSH key 并已存储在 SSH key agent 中的情况除外。

然而当使用已存在的 SSH key 是有一些安全风险的。考虑这样的情形，你已经在整个基础设施中部署了 SSH 公钥。需要确保你的网络是安全的，假设所有接受你 key 的主机都是可信任的。然而如果一个攻击者进入了你的网络并获取到了公钥，他会建立一个伪 Minion。如果你使用 scan Roster 发送了一些包含敏感数据的安全命令，伪 Minion 会收集这些数据。

这种攻击方式并不是 Salt SSH 独有的。它在自动化 SSH 工具进入这个市场前就已经存在了很长的时间。不要使用 scan Roster 去处理敏感的命令，scan Roster 更适合进行网络发现（network discovery）。

在使用 scan Roster 时可以使用两个特定选项。`--scan-ports` 选项接受一个以逗号分隔的端口列表，去尝试使用这些端口登录目标 Minion。默认是 22 端口。这种行为在一些机构中看起来像是一个端口扫描行为，因此在使用这个选项前，需要检查你的安全策略。`--scan-timeout` 选项也可以指定扫描进程的超时时间。默认是 0.01，即 10 毫秒（ms）。

cache

Salt 在设计之初并不使用数据库，所以为了达到同样的目的，而做了一些优化。特别是每个 Minion 的 Grain 默认会缓存到 Master 上。通过任意传输机制，如 Salt 基于 ZMQ 的传输，访问过的 Minion，会将存储着 IPv4 地址的 Grain 缓存在 Master 上，cache Roster 能够利用这个缓存获取 Minion 的 IP 地址。

当已经安装过 `salt-minion` 客户端的主机而现在无法响应，需要进行排错（troubleshooting）时，使用 cache Roster 非常方便。由于 IP 地址没有变，可以通过如下命令使用 cache Roster 进行处理：

```
# salt-ssh --roster cache myminion service.start salt-minion
```

在 2015.5 版本中，cache Roster 的限制与 scan Roster 类似。SSH 用户默认会使用当前执行 `salt-ssh` 命令的用户。如果 SSH 私钥没有设立或没有用`--priv`选项指定，必须通过`--passwd`或`--askpass`选项提供密码。

cache Roster 目前仅支持 IPv4 地址。不过它能智能区分本地回环地址（`127.0.0.1/8`）、私网地址（`10.10.0.0/8`、`172.16.0.0/12` 及 `192.168.0.0/16`）及公网地址（除了本地回环及私网地址外的其他地址）。也可以通过在 Master 配置中指定 `roster_order` 选项来指定优先处理哪种类型。默认值是：

```
roster_order:
  - public
  - private
  - local
```

cloud

cloud Roster 和 cache Roster 类似，但又有些不同。和 Salt 一样，Salt Cloud 默认会缓存 Minion 创建时的信息。不同的地方是 Salt Master 需要 Minion 和 Master 先建立一个连接才能获取它们的 IP 地址并缓存上，而 Salt Cloud 运行部署进程的时候，就已经知道并缓存了它们的 IP 地址。

需要注意的是，Salt Cloud 创建的 Minion，除非通过配置特别指定，IP 地址有可能重启后就会变更。不过可以通过一个 *full* 查询（在第 5 章中有详细描述）刷新这个数据。因此需要 cloud Roster 来获取 IP 信息，而 cache Roster 却无法获取到正确的信息。

```
# salt-ssh --roster cloud myminion service.start salt-minion
```

cloud Roster 也具有从 Provider 或 Profile 配置获取用户创建 Minion 的认证信息（SSH 密钥、密码等）的能力。只要这些信息没有变化，就不需要在连接时指定它们。

和 cache Roster 一样，cloud Roster 也支持在 Master 配置文件中指定 `roster_order` 选项，默认值和 cache Roster 一样。

ansible

另一个著名的 SSH 自动化平台是 Ansible。由于易用性及丰富的工具套件等特点而广泛使用（尤其是开发者们）。许多 Ansible 的用户可能会有同时使用 Salt 和 SSH 去管理他们的主机的需求，还有些用户可能有完全从 Ansible 切换到 Salt SSH 的需求。

相对于其他 Roster，Ansible 使用存货单（inventory）来维护主机信息。ansible Roster 允许 Salt SSH 直接使用 Ansible 的存货单而非 Roster 文件来获取主机信息。

使用时必须通过`--roster-file`选项来指定 Ansible 存货单的路径：

```
# salt-ssh --roster ansible --roster-file /etc/salt/hosts myminion test.ping
```

构建动态 Roster

在 Salt 中，并没有什么限制说你必须使用 Salt 内置的 Roster。和 Pillar 一样，可以自定义外部数据源。这种用例的 Roster，使用的数据看起来类似于纯文本 Roster 文件的格式。

下边是纯文本 Roster 文件中的内容：

```
myminion:
  host: 10.0.11.38
  user: larry
  password: 5700g3z43v4r
```

如果你之前已经有一个提供这些数据的数据源，那么你可以将这些数据直接加入到这个数据源中。如果你有命令可以输出这些数据，以 YAML 为例，你可以轻松编写一个封装这个命令的 Roster：

```
import yaml
def targets(tgt, tgt_type='glob', **kwargs):
    return yaml.safe_load(__salt__['cmd.run']('cat /etc/salt/roster'))
```

这个代码和外部 Pillar 的 cmd_yaml 类似，但它适用于 Roster。如果你不了解 Python，你可以对上边的代码按照你的场景做下简单的修改，甚至使用其他语言进行编写。

使用 Salt SSH

我们之前花了一些时间去讨论如何使用 Roster 配置 Minion。接下来我们花点时间来讨论下 Salt SSH 的基本用法。

salt-ssh 命令在使用上和 salt 命令类似。需要先提供 target，紧随其后的是模块（module）和方法（function），以及用于该方法的可选参数。target 的指定方法和 salt 命令类似，但并没有 salt 支持的类型那么多。在 2015.5 版本中，Salt SSH 支持如下 target 类型。

- Glob（默认）。
- Perl 兼容正则表达式（-E 或 --pcre）。
- 列表（-L 或 --list）。
- Grain（-G 或 --grain）。
- Nodegroup（-N 或 --nodegroup）。
- Range（-R 或 --range）。

指定 target 类型的方式和 salt 命令一样：

 # salt-ssh -G 'os:Ubuntu' test.ping

所有 salt 命令支持的输出样式（outputter）都可以在 salt-ssh 中使用，使用方法一样。下面这个命令指定使用 JSON 样式来输出结果：

 # salt-ssh myminion grains.items --out json

有一些 Salt SSH 独有的选项。如为了使用 Grain 来进行 target，Master 需要在本地缓存中有一份 Minion 的 Grain 数据副本。需要使用 --refresh 参数来完成该操作：

 # salt-ssh --refresh myminion test.ping

使用 Saltfile

如果在使用 Salt SSH 时需要指定一大堆选项，每次都敲一遍显得非常烦琐。这时我们可以使用 Saltfile 来自动添加这些选项。Saltfile 是一个 YAML 格式的文件，包含需要传递给命令行的选项。下边是 Saltfile 的一个片段：

```
salt-ssh:
  max_procs: 15
  wipe_ssh: True
```

这个文件通常命名为 Saltfile。如果在当前工作目录下有该文件，则在执行 salt-ssh 命令时会直接使用它。salt-ssh 命令也支持通过参数直接指定在其他目录下的 Saltfile 文件，代码如下：

 # salt-ssh --saltfile=/etc/salt/Saltfile myminion test.ping

如果你有一个全局的 Saltfile 文件，想在任何地方都使用的话，你可以使用 alias（前提是 shell 支持）创建一个别名：

 # alias salt-ssh='salt-ssh saltfile=/etc/salt/Saltfile'

你同样可以设置一个叫 SALT_SALTFILE 的环境变量达到同样的目的：

 # export SALT_SALTFILE=/etc/salt/Saltfile

下边是 Salt SSH Saltfile 支持的及对应的命令行选项。

- raw_shell (-r、--raw、--raw_shell)
- roster (--roster)
- roster_file (--roster-file)
- refresh_cache (--refresh、--refresh-cache)
- max_procs (--max-procs)
- extra_filerefs (--extra-filerefs)
- wipe_ssh (-w、--wipe)
- ssh_priv (--priv)
- ignore_host_keys (-i、--ignore-host-keys)
- ssh_user (--user)
- ssh_passwd (--passwd)
- ssh_askpass (--askpass)

- `ssh_key_deploy` (`--key-deploy`)
- `ssh_scan_ports` (`--scan-ports`)
- `ssh_scan_timeout` (`--scan-timeout`)

Salt 与 Salt SSH

在默认模式中，Salt SSH 设计的表现出来的工作方式（至少是 User 关心的部分）和 salt 命令一样。Minion 能够使用类似 salt 命令的方式进行 target，模块的用法完全一样，参数的指定方式一样，输出展示的方式也一样。不过，还是有些不一样的地方。

架构

标准 salt 命令和 salt-ssh 命令最主要的不同是上层通信方式基于底层不同的传输机制架构。salt 命令使用消息队列（message queue），而 salt-ssh 使用的是 SSH（显而易见）。

消息队列就如同一个电视台。你的所有 Minion 观看着电视，等待着指令。当任务产生后，会广播给 Minion，并附带上哪些 Minion 需要处理它。当一个 Minion 完成了任务，它会将结果发送到 Master 的一个类似队列中。从 Master 到 Minion 的传递是一个一对多（one-to-many）的通信，而回传是一个多对一（many-to-one）的通信。事实上，由于 Master 使用自己组的本地 worker 去接收回应，因此回传队列准确的说法是多对多的连接。

SSH 类似于一个电话线路（telephone line），它设计是一对一（one-to-one）的通信。每个 Minion 会等候自己的电话响起，打电话打来分配任务后，Minion 会立即执行并返回结果。请求 Minion 处理的任务越多，打的电话也就越多。Master 能够使用本地 worker 来建立多个并行连接，类似于一个呼叫中心（call center），但每个任务依然必须独立发送。

性能

标准 salt 命令和 salt-ssh 命令的另一个区别是性能。Salt SSH 非常快，但它有一些额外的开销，其中一些是 SSH 自身的开销。下边的这些操作是 Salt 已经做过的。

- 构建和部署 salt-thin agent。
- 构建和部署 State tar 包。
- 用于 target 的 SSH 连接。

这些动作中最后一条在任何使用 SSH 的程序中都会发生。剩余的在其他框架中则未必。在一个小型基础设施中，它们也许不受关注，但在一个大规模的基础设施中通常是个问题。

salt-thin agent（下一节中将会描述）由于只需要在第一次连接中部署，部署后它会缓存下来，直到 Master 的 Salt 版本变更才再次部署，因此并不算是一个问题。

State tar 包（也会在下一节中描述）会在每次 State 运行时产生，它会导致 Salt SSH 慢一些。然而它并不会影响其他执行模块。

建立 SSH 连接可能是最大的开销。一个系统一次只能维护有限的连接数。事实上，对于一个足够大的任务，Salt SSH 会默认限制活跃的连接数为 25。可以通过--max-procs 参数进行调整：

```
# salt-ssh --max-procs 100 '*' test.ping
```

需要注意的是，如果将该链接的最大数量调大到可用资源无法支撑的数值时，可能会导致 Salt 以外的其他问题。

理解 salt-thin agent

随着了解的深入，你会发现自动化的 SSH 命令并不像刚开始接触的那么简单。如果在一个所有服务器都运行相同操作系统的相同版本、使用相同软件的环境中，执行远程命令的确非常简单。但是很少有环境能做到这样，Salt 也有处理不同环境的设计。

为了适应这些不同的配置，执行任务的代码需要自动检测环境，并按照用户的需求执行任务。即软件执行表现必须和使用 Salt 一样。幸运的是，在 Salt 环境中，这个软件诞生了。

salt-thin agent 设计目标是一个 Salt 的轻量级（lightweight）版本，能够通过 Salt SSH 快速地复制到远程系统上用于处理任务。它并不内置 Salt（至少目前不内置）。它按照 Salt SSH 的需要进行构建，使用已经安装在 Master 上的 Salt 版本和模块。

一旦 salt-thin 打包完成，它会复制到目标系统上，解包然后执行。接下来我们详细看一下如何操作。

构建 salt-thin 包

在默认模式中，Salt SSH 需要 salt-thin 包。原生 shell（raw-shell）模式（我们将在稍后进行详细描述）并不需要 thin 包。thin 包并不默认包含在 Salt 中，只有 Salt SSH 才需要使用它，它会按照需求（demand）构建、缓存起来并稍后使用。

thin 包相对于原生 Salt 来说只包含运行 Salt 需要的一些内容。该包的所有文件从 Master 本地进行收集。大部分文件在 Salt 安装目录下，还需要一些运行 Salt 时依赖的包。

值得注意的是，并不是所有的 Salt 依赖都需要。很多 Salt 依赖的包并不是必需的。如使用 SSH 替代 ZeroMQ 时，就不需要包含 ZeroMQ 包。用于连通的加密库也不需要，因为安全性由 SSH 自身保障。

Python 软件包也不会打在 thin 包中，因为目标系统已经有了最小化安装的 Python。为什么在 thin 包中并不包含 Python? 有很多答案，其中最主要的原因是二进制包的兼容性。在不同的平台下使用不同版本的 gcc 编译器编译出来的 Python 是不同的。一个运行在 RHEL 上的 Master 由于 Python 版本不一样无法有效控制运行在 Ubuntu 上的主机。同样地，64 位的 Master 无法有效控制 32 位的目标主机。

必要的文件收集完毕后，它们会被打包成一个名为 salt-thin.tgz 的 tar 包。这个包只包含 Master 和 Minion 中不依赖二进制兼容的文件。这个 tar 包文件的限制并不仅仅是脚本，大部分是 Python，但也有一些 shell 脚本（Bourne shell 格式，也常被称为 sh）。

thin 包实际上是通过 thin runner 进行构建的。如果测试需要，thin 包可以使用如下 runner 手动生成：

```
# salt-run thin.generate
```

tar 包会存储在 Master 的缓存目录(通常是 /var/cache/salt/master/thin/directory)。如果 thin 包之前已经存在，你想覆盖它，需要使用如下命令来操作：

```
# salt-run thin.generate overwrite=True
```

如果你在构建 thin 包后对它进行解压，你会发现它只有很少的几个文件。目录下只有如 Jinja2 和 PyYAML 等库。

包含额外的模块

默认情况下，thin 包会包含所有 Salt 内置及 Salt 核心代码依赖的模块。然而它并不会包含非核心模块依赖的 Python 模块。如你使用 etcd 执行模块，它需要依赖 etcd Python 模块，你需要确保它包含在 thin 包中。想完成这个操作，你需要在 thin.generate 命令后加上它。这个命令操作如下：

```
# salt-run thin.generate etcd
```

如果需要指定多个模块，可以使用冒号进行分隔。命令如下：

```
# salt-run thin.generate etcd,MySQLdb
```

部署 thin 包

在 Salt SSH 完成 thin 打包后，它会复制到远程系统中。默认情况下，它会放在/tmp/ directory 下，是一个隐藏的目录，命名中包含登录目标的用户以及目标系统主机名唯一的 ID seed。

例如一个系统的 FQDN 是 *dufresne*，对应的目录可以叫作/tmp/.root_0338d8_salt/。目录的属主是 Salt SSH 登录过来的用户（通常是 root），权限是 0700 以确保其他用户不能读取它。

如果你看到 thin 包解包后的目录，此时你可以执行一些内建的 Salt 命令：

```
# salt-ssh myminion cmd.run 'ls -ls /tmp'
myminion:
    drwxrwxrwt 16 root     root     420 Apr  3 16:51 .
    drwxr-xr-x 20 root     root    4096 Jul 29  2014 ..
    drwx------  8 root     root     260 Apr  3 16:50 .root_0338d8__salt
# salt-ssh myminion cmd.run 'ls -ls /tmp/.root*'
myminon:
    drwx------  8 root     root     280 Apr  3 17:43 .
    drwxrwxrwt 17 root     root     440 Apr  3 17:46 ..
    drwxr-xr-x  2 root     root     160 Apr  3 16:50 certifi
    drwxr-xr-x  3 root     root     880 Apr  3 16:50 jinja2
    drwxr-xr-x  2 root     root     220 Apr  3 16:50 markupsafe
    drwxr-xr-x  4 root     root      80 Apr  3 16:50 running_data
    drwxr-xr-x 31 root     root    1300 Apr  3 16:50 salt
    -rw-r--r--  1 root     root      79 Apr  3 16:50 salt-call
    -rw-r--r--  1 root     root   27591 Dec 13 21:18 six.py
    -rw-r--r--  1 root     root       8 Apr  3 16:50 version
    drwxr-xr-x  2 root     root     720 Apr  3 16:50 yaml
```

执行 thin 包

现在 thin 包已经安装到目标主机上，它可以执行命令了。不过，在 Salt 真正执行前，还需要做一些其他的工作。Python 在不同的环境中路径并不一致，因此 Salt SSH 需要在调用 Python 之前先找到 Python 的路径。

Salt SSH shim

shim 是一个非常小的 shell 脚本，用于查找目标系统上的 Python 解释器，然后使用它来启动 Salt。shim 会在 Master 端编码成 base64 字符串，然后发送到 Minion 上，解码并执行。

有一种情况会影响 shim 的执行。例如目标系统上需要 sudo，那么必要的命令会嵌入到 shim 中。如果 Master 开启了 debug 登录，那么 shim 将在 debug 模式执行，在 Master 上的输出会显示。

shim 运行的方式也可以改变。例如目标系统连接时需要 tty，shim 会使用 scp 复制到远程系统上，然后将命令通过管道（pipe）给/bin/sh。否则它会通过 SSH 运行超大的命令。

Salt State 的先前准备

运行执行命令时，不需要做其他的准备。然而在执行 Salt State 时，需要先做一些工作。这是因为传统的 Minion 以本地模式运行 salt-call 命令时，需要在本地复制一份 State 树的所有必要文件。

当 Salt SSH 使用 State 系统执行时，会先创建一个名为 salt_state.tgz 的 tar 包，这个文件存放在目标系统与 salt-thin.tgz 包一样位置的隐藏 thin 目录下。这个 tar 包中包含来自于 Master 端 State 树的必需文件的副本，salt-call 命令能够在本地访问这些文件以便运行 State。

这个 State tar 包也会包含一份 State 数据的副本（会转换成 low 区块）及来自 Master 的 Pillar 数据。这些文件可以通过下边的内置 Salt 命令查看到：

```
# salt-ssh myminion state.single cmd.run name='tar -tzvf /tmp/.root*/
salt_state.tgz'
myminion:
----------
          ID: tar -tvf /tmp/.root*/salt_state.tgz
    Function: cmd.run
      Result: True
     Comment: Command "tar -tvf /tmp/.root*/salt_state.tgz" run
     Started: 17:53:46.683337
    Duration: 7.335 ms
     Changes:
              ----------
```

```
            pid:
                26843
            retcode:
                0
            stderr:
            stdout:
                -rw-r--r-- root/root        15891 2015-04-03 17:53 pillar.
json
                -rw-r--r-- root/root          128 2015-04-03 17:53 lowstate.
json

Summary
------------
Succeeded: 1 (changed=1)
Failed:    0
------------
Total states run:       1
# salt-ssh myminion state.single cmd.run name='tar -Ozxvf /tmp/.root*/
salt_state.tgz lowstate.json'
myminion:
----------
          ID: tar -Ozxvf /tmp/.root*/salt_state.tgz lowstate.json
    Function: cmd.run
      Result: True
     Comment: Command "tar -Ozxvf /tmp/.root*/salt_state.tgz lowstate.json"
run
     Started: 17:58:35.972658
    Duration: 10.14 ms
     Changes:
                ----------
                pid:
                    29014
                retcode:
                    0
                stderr:
                    lowstate.json
                stdout:
```

```
                   [{"fun": "run", "state": "cmd", "__id__": "tar -Ozxvf
/tmp/.root*/salt_state.tgz lowstate.json", "name": "tar -Ozxvf /tmp/.root*/
salt_state.tgz lowstate.json"}]


Summary
------------
Succeeded: 1 (changed=1)
Failed:    0
------------
Total states run:      1
```

运行 Salt

一旦 shim 发现 Python 解释器，并且一旦 salt_state.tgz tar 包部署完毕（如果有必要的话），最终就可以执行 Salt 命令。和传统的 Salt 运行方式不一样，它不需要以守护进程（daemon）方式运行，而是以本地模式（local mode）方式执行 salt-call 命令，就像它是一个 Minion 一样。输出结果会通过 Master 端的 Salt SSH 客户端收集、解析并展示给用户。我们可以以 trace 日志级别来查看运行信息。

```
# salt-ssh myminion test.ping --log-level trace
...SNIP...
SALT_ARGV: ['/usr/bin/python2.7', '/tmp/.root_0338d8__salt/salt-call',
'--local', '--metadata', '--out', 'json', '-l', 'quiet', '-c', '/tmp/
.root_0338d8__salt', '--', 'test.ping']
_edbc7885e4f9aac9b83b35999b68d015148caf467b78fa39c05f669c0ff89878
[DEBUG   ] RETCODE localhost: 0
[DEBUG   ] LazyLoaded nested.output
[TRACE   ] data = {'myminion': True}
myminion:
    True
```

我们可以深入地看一下 salt_state.tgz 这个 tar 包，需要注意的是，接下来的代码中最后一条命令需要登录到 Minion 上执行：

```
master# cp /etc/services /srv/salt/
master# salt-ssh myminion state.single file.managed /tmp/services source=
salt://services
myminion:
```

第 3 章   探索 Salt SSH

```
          ----------
             ID: /tmp/services
       Function: file.managed
         Result: True
        Comment: File /tmp/services is in the correct state
        Started: 18:18:28.216961
       Duration: 5.656 ms
        Changes:

Summary
-----------
Succeeded: 1
Failed:    0
-----------
Total states run:       1
minion# tar -tzvf /tmp/.root_0338d8__salt/salt_state.tgz
-rw-r--r-- root/root     15895 2015-04-03 18:18 pillar.json
-rw-r--r-- root/root       118 2015-04-03 18:18 lowstate.json
-rw------- root/root    289283 2015-04-03 18:18 base/services
```

不可能通过 Salt SSH 方式去查看使用了连续两个 state.single 命令产生的 salt_state.tgz 文件，因为后边的命令会重新产生一个新的 salt_state.tgz tar 包，它并不包含 base/services 文件。为了通过一个 salt-ssh 命令查看真实的信息，需要一个完整的 SLS 文件，包含充足的 State 在所需的目标系统上进行处理。

Salt 运行状态数据

你可能在临时目录下注意到一个叫作 running_data 的目录。它的目标之一是尽可能保证 Salt SSH 正常运行。它的目录结构和通常 Salt 的不相同，它是一个临时目录。接下来我们通过另外的 Salt SSH 命令去看下它的结构：

```
# salt-ssh myminion cmd.run 'tree /tmp/.root*/running_data'
myminion:
    /tmp/.root_0338d8__salt/running_data
    |-- etc
    |   `-- salt
    |       `-- pki
```

```
|                   `-- minion
`-- var
    |-- cache
    |   `-- salt
    |       `-- minion
    |           `-- proc
    |               `-- 20150403195105124306
    `-- log
        `-- salt
            `-- minion
11 directories, 2 files
```

如果你再次指定该 Minion 执行命令，这个目录结构会继续增长，看起来像是一个标准的 Minion 目录结构。如果你想在 Salt 执行完毕后移除它的追踪（trace）及目录，你可以使用--wipe 或-w 参数：

```
# salt-ssh --wipe myminion test.ping
```

使用原生 SSH 模式

Salt SSH 在默认模式下使用 salt-thin，功能十分强大。不过，有些情况下只需要执行一个原生 SSH 命令就够了。完成这样的操作需要使用--raw 参数（对应的有一个短的命令选项-r）。

使用原生模式会忽略掉创建和部署 thin 包的消耗。因为它只是登录到目标系统，然后执行一个命令，再登出。下边的两个命令在功能上是等价的：

```
# salt-ssh myminion cmd.run date
myminion:
    Fri Apr  3 21:07:43 MDT 2015
# salt-ssh -r myminion date
myminion:
    ----------
    retcode:
        0
    stderr:
    stdout:
        Fri Apr  3 21:07:43 MDT 2015
```

然而原生命令（raw command）会执行得更快，因为它没有其他消耗。当然它也会包含一些其他信息，如执行命令后的 STDERR、STDOUT 及 exit 或 return 码。

当你封装 Salt SSH 供其他程序使用，如果它依赖远端机器上命令的输出（特别是 return 码）时，原生 SSH 模式将非常有用。通过输出样式可以保证格式一致并且非常易于解析，如使用 JSON 格式：

```
# salt-ssh -r myminion 'ping 256.0.0.0' --out json
{
    "myminion": {
        "retcode": 2,
        "stderr": "ping: unknown host 256.0.0.0\n",
        "stdout": ""
    }
}
```

在这个例子中，没有哪个输出还需要解释的，但可以查到错误消息。当然，也可以看到返回码（return code）。

缓存 SSH 连接

在原生 SSH 模式下，让 Salt 的执行模型更为清晰。当在 salt-call 或 salt-ssh 模式中执行一个 salt 命令，它会开启一个任务，发送命令，然后返回结果。Salt 是否有一个已经建立的连接，取决于如何调用，但它表现的行为（至少是用户关心的）像是创建一个新的连接，执行任务，然后断开这个连接。

这种方式适用于大多数情形，但也有一些例外的场景。例如，通过 SSH 配置一个网络交换机就是一个特例。因为一些交换机使用如下配置模式。

- SSH 登录到交换机。
- 切换为特权用户（privileged user）模式。
- 执行更改配置命令。
- 查看更改（如果有必要的话）。
- 提交（commit）更改。
- 退出特权用户模式。
- 登出交换机。

尝试使用原生模式下的 Salt SSH 时，一旦切换为特权用户后，就会退出让你重来。

如果你想在 Master 上使用 OpenSSH，你可以利用 SSH，在必要时缓存维持到交换机的连接。这种功能并未在 Salt SSH 上内置，但是也可以这么用。当你想脚本化 Salt SSH 时尤为有用，比如在 bash 脚本中调用。

首先，使用下边的命令建立一个连接：

```
# ssh -fMN -o "ControlPath /tmp/salt_ssh_ctrl" myminion.com
```

它会告诉 SSH 建立一个到 myminion.com 的连接，但并没有用它做什么事情。然后，接下来发送到目标机器的命令会自动使用在 Master 端缓存在 /tmp/salt_ssh_ctrl 中的 socket 连接。

这种方式在 Salt SSH 外部同样适用，尤其是你经常对某个主机发送一次性的 SSH 命令时。Salt SSH 在默认及原生 SSH 模式下会看到一点额外的性能增长，因为建立连接和关闭连接有一点性能消耗。

当你对该主机完成了操作，你可以通过如下命令关闭这个连接：

```
# ssh -O exit -o "ControlPath /tmp/salt_ssh_ctrl" myminion.com
```

它会断开目标系统的连接，并在 Master 上删除这个 socket 文件。

总结

Salt SSH 是一个非常强大的工具。它可以在小型基础设施中为用户带来轻松的体验。这个工具同样适用于那些允许 SSH 连接但没有安装 Python 或不能安装其他软件（如 Salt）的设备。

第 4 章我们会深入学习 Salt 的异步特性，并真正了解如何使用 Salt 作为一个自动化管理平台。

第**4**章

异步管理任务

Salt 通常被认为是一个配置管理系统。因为 Salt 能够出色地管理 Minion 的各个方面。但是这只是 Salt 能做的一小部分功能，Salt 的最大出发点是事件系统（event system），其组成了基本的异步执行框架。

在本章中，我们将看到如下内容。

- 深度了解事件系统（event system）。
- 理解反应器（Reactor）系统。
- 构建更复杂的反应器（Reactor）。
- 使用队列系统（queue system）。

事件系统

事件系统（event system）是 Salt 最早的组件之一。目前比其他大多数组件更广泛地使用。虽然通常在 Salt 内部中使用，但无须担心，它也为用户和管理员提供了丰富的高级用法。

基本介绍

Salt 基于消息队列（message queue）构建。命令首先由 Master 产生任务（job）并推送到队列中。Minion 监听队列中能够匹配到自己的任务。当 Minion 获取到一个任务时，会尝试执行和自己相关联的任务。一旦任务完成，会将任务的执行结果发送到另外一个 Master 监听的队列。

Minion 并不是只能处理由 Master 产生的任务，自身也具有发送（fire）消息的能力。这些信息块就构成了基本的事件总线（event bus）。

事实上有两个事件总线：一个是 Minion 内部沟通（并不能和其他 Minion 通信）的总线，另一个是 Minion 和 Master 沟通的总线。Minion 的事件总线目前应用在 Salt 内部，只用于自身内部产生事件使用。当然也允许用户手动或甚至编程地在 Minion 消息总线上发送消息（fire message），但对于用户来说并没有内置直接的高级用法。

Master 事件总线则完全不同。Minion 发送消息到 Master 的能力是很强大的，尤其是 Master 结合反应器系统（Reactor system），我们将在稍后详细介绍它。

事件数据结构

在早期的 Salt 版本中，事件数据（event data）是非常简单的：只有一个消息和一个简单的标签（tag）。标签是消息的简单描述。从 0.17.0 版本开始，消息和标签都得到极大的扩展。

早期的版本，标签被限制为最多 20 个字符，现在标签的长度不再做限制。然后标签还是有一些字符使用上的限制：标签必须是 ASCII 安全字符串，并且不能使用 Unicode。

消息也进行了扩展，现在允许关联为事件数据（event data）或有效装载（payload）。最值得注意的改变是由单字符串变更为了一个字典（dictionary）。依赖于 Salt 产生事件的部分，有很多数据块的添加是有原因的。在数据块中通常包含一个叫作 _stamp 的时间戳选项，时间戳的内容类似如下内容：

```
2015-04-18T17:49:52.443449
```

其他的事件数据是多样的。例如当 Minion 向 Master 认证时，会产生一个 tag 为 salt/auth 的事件（event）。事件的有效装载（payload）会包含一个时间戳（_stamp）、一个动作（action，对应的键名为 act），需要认证的 Minion ID（id），以及 Minion 的公钥（pub）。

查看事件数据

如果想实时地观测到 Salt 系统中产生的事件数据，也是非常简单的。在官方的 GitHub 仓库中有一个叫作 eventlisten.py 的脚本，用于解决这类需求。它作为 Salt 测试套件的一部分，虽然没有包含在发布的软件包中，但它可以下载并在已经安装 Salt 的系统中使用。

安装事件监听器

如果你只是对事件监听器感兴趣，可以从 GitHub 上直接下载，对应链接为 https://raw.githubusercontent.com/saltstack/salt/develop/tests/eventlisten.py。

当然，仓库中也包含很多其他的测试工具，如果你对它们也有兴趣，可以在已经安装了 Git 的机器上复制该仓库，可以在仓库副本中直接使用事件监听器。例如：

```
# cd /root
# git clone https://github.com/saltstack/salt.git
# cd salt/tests
```

使用事件监听器

在大多数应用场景中，事件监听器在 Salt Master 上运行，监听默认的 socket 路径，事件监听器会直接使用这些默认的配置。只需要进入脚本的目录，然后执行如下指令即可：

```
# python eventlisten.py
```

需要注意的是，不同系统可能会存在不同的 Python 版本和命令名称，你可能需要更改命令，以使用你系统中的 Python 2 环境：

```
# python2 eventlisten.py
```

如果你想监听 Minion 的事件总线（event bus），你需要告诉事件监听器指定你节点的类型（默认是 master）：

```
# python eventlisten.py -n minion
```

如果你之前更改过 Salt 的 socket 目录，你需要指定新的目录地址，如下面这段代码：

```
# python eventlisten.py -s /var/run/salt
```

默认情况下，事件监听器认为你使用的是 ZeroMQ（Salt 的默认传输机制）。如果你使用的并非 ZeroMQ 而是 RAET，你需要指定传输机制：

```
# python eventlisten.py -t raet
```

一旦事件监听器开始运行，它会显示出它正在监听的 socket 名称，如：

```
ipc:///var/run/salt/master/master_event_pub.ipc
```

接下来它会等待事件总线上发送的事件。你可以通过使用 Salt 命令来触发事件。如简单的 test.ping 将会产生一个包含任务数据的事件系列，如下所示：

Event fired at Sat Apr 18 12:58:48 2015

****

Tag: 20150418125848177748

Data:

{'_stamp': '2015-04-18T18:58:48.177999', 'minions': ['cantu']}

Event fired at Sat Apr 18 12:58:48 2015

****

Tag: salt/job/20150418125848177748/new

Data:

{'_stamp': '2015-04-18T18:58:48.178257',

 'arg': [],

 'fun': 'test.ping',

 'jid': '20150418125848177748',

 'minions': ['cantu'],

 'tgt': 'cantu',

 'tgt_type': 'glob',

 'user': 'sudo_homaro'}

Event fired at Sat Apr 18 12:58:48 2015

****

Tag: salt/job/20150418125848177748/ret/cantu

Data

{'_stamp': '2015-04-18T18:58:48.227514',

 'cmd': '_return',

 'fun': 'test.ping',

 'fun_args': [],

 'id': 'cantu',

 'jid': '20150418125848177748',

 'retcode': 0,

 'return': True,

 'success': True}

在这个例子中, 总共产生了 3 个事件。第 1 个和第 2 个事件显示有一个 ID 为 201504181258 48177748 的任务被创建。第 1 个为老样式的事件, 而第 2 个为新样式的事件。标签 (tag) 为 salt/job/20150418125848177748/new 的事件包含关于本任务的信息以及创建任 务的用户。我们可以看到创建者是 homaro, 通过使用 sudo 命令进行创建。test.ping 方 法会直接发送给 cantu Minion (其他情况下, 目标或 tgt 为 "*") 并且执行方法并不需要 其他参数。

　　　　　　　　　　　　　　　　第 4 章　异步管理任务

最后一个事件的标签（tag）为 salt/job/20150418125848177748/ret/cantu，同时包含了 Minion 的任务执行结果。在这里，我们可以再次看到 test.ping 方法和该方法的参数 fun_args，以及该方法的返回值（True）。这个指标告诉我们任务是否成功执行。

发送自定义数据

通过 salt-call 命令，我们可以从 Minion 端发送自定义数据到 Master 上。当然，也可以从 Master 端下发一个指令告诉 Minion 发送一个回传消息。但是在测试中，更常用的是使用 test.echo 来满足这类需求。

当发送一个自定义事件到 Master 时，必须按照消息（message）和标签（tag）这样的顺序进行。发送时命令行需要消息应该为 YAML 可解析的格式。空数据在 YAML 中是合法的。接下来将在 Minion 端执行如下命令：

```
# salt-call event.fire_master '' myevent
```

需要注意的是，在 fire_master 和 myevent 中间是两个单引号，用来表示空字符串。执行完该命令后，将在事件监听器上看到如下输出：

```
Event fired at Sat Apr 18 13:21:55 2015
*************************
Tag: myevent
Data:
{'_stamp': '2015-04-18T19:21:55.604193',
 'cmd': '_minion_event',
 'data': {},
 'id': 'cantu',
 'pretag': None,
 'tag': 'myevent'}
Event fired at Sat Apr 18 13:21:55 2015
*************************
Tag: salt/job/20150418132155629018/ret/cantu
Data:
{'_stamp': '2015-04-18T19:21:55.629583',
 'arg': ['', 'myevent'],
 'cmd': '_return',
 'fun': 'event.fire_master',
 'fun_args': ['', 'myevent'],
```

```
'id': 'cantu',
'jid': '20150418132155629018',
'retcode': 0,
'return': True,
'tgt': 'cantu',
'tgt_type': 'glob'}
```

第 1 个自定义事件是我们执行的命令。我们可以看到标签（tag）为 myevent 以及它的数据（为空）。为了让它看起来更有用，我们在命令行中添加一些真实的 YAML 内容：

 # salt-call event.fire_master '{"key1": "val1"}' myevent

看起来不像是 YAML？更准确的说应该是 JSON。在命令行中使用 JSON 串更安全。

在这个事件中，我们发送了一个字典，它有且只有一个键（key1）和对应的一个值（val1）。事件监听器将显示出如下内容：

```
Event fired at Sat Apr 18 13:23:28 2015
*************************
Tag: myevent
Data:
{'_stamp': '2015-04-18T19:23:28.531952',
 'cmd': '_minion_event',
 'data': {'key1': 'val1'},
 'id': 'cantu',
 'pretag': None,
 'tag': 'myevent'}
Event fired at Sat Apr 18 13:23:28 2015
*************************
Tag: salt/job/20150418132328556517/ret/cantu
Data:
{'_stamp': '2015-04-18T19:23:28.557056',
 'arg': ['{""key1"": ""val1""}', 'myevent'],
 'cmd': '_return',
 'fun': 'event.fire_master',
 'fun_args': ['{""key1"": ""val1""}', 'myevent'],
 'id': 'cantu',
 'jid': '20150418132328556517',
 'retcode': 0,
```

```
'return': True,
'tgt': 'cantu',
'tgt_type': 'glob'}
```

我们再次看到类似于之前的数据，但这次我们从自定义事件中看到了一个更真实的数据结构，不过，还有可能让这个事件用处更大。

事件命名空间

重新设计事件系统的一个原因是让事件标签命名空间更有效。在之前的例子中，我们有看到一些标签，例如下边这个标签：

```
salt/job/20150418132328556517/ret/cantu
```

这个标签通过正斜线进行分隔。分隔后，我们可以看到如下部分。

- salt：这个事件是由 Salt 系统自身产生的。
- job：这个事件是关于 Salt 的任务系统的。
- 20150418132328556517：这是任务的 ID。
- ret：这个事件包含该任务的返回数据。
- cantu：指定返回的数据来自于哪个 Minion（ID）。

Salt 的其他组件也会使用类似 ID 的约定标注事件，如下边这个来自于 Salt Cloud 的事件：

```
Event fired at Sat Apr 18 13:36:48 2015
*************************
Tag: salt/cloud/myminion/creating
Data:
{'_stamp': '2015-04-18T19:36:48.642876',
 'event': 'starting create',
 'name': 'myminion',
 'profile': 'centos65',
 'provider': 'my-ec2-config:ec2'}
```

这个事件的标签代表着如下内容。

- salt：这个事件是由 Salt 系统自身产生的。
- cloud：这个事件是关于 Salt Cloud 系统的。

- myminion：这里指定相关的 VM 名字。
- creating：指定现在 VM 正在发送的动作。

当你为应用或基础设施创建自定义事件时，你可以使用类似的命名标签风格。也许你有一个内部的应用，你称它为 mcgee，它要进行一个服务数据的归档，你可以使用类似的标签：

```
mcgee/archive/incremental/myserver/start
```

这声明一个名为 myserver 的服务器开始进行一个增量备份进程，添加下边这个标签：

```
mcgee/archive/incremental/myserver/finish
```

它表示这个增量备份任务已经完成。

命名空间规范

为什么使用斜线来分隔事件标签？在本书的大部分例子中，Minion 的 ID 通常只是单个单词。那么 Minion ID 如果是个完整的域名（FQDN）呢？如果一个 Minion 为 web01.example.com，我们使用点替代斜线来分隔标签的话，那么我们将看到如下的事件标签：

```
salt.cloud.web01.example.com.creating
```

哪里是标签部分？哪里是 Minion ID 部分？我们可以基于我们之前的知识来说明哪里是标签，哪里是 Minion，但是这解析起来是非常模糊不清的，使用斜线看起来将更清晰：

```
salt/cloud/web01.example.com/creating
```

这也是为什么 Salt 自身使用斜线来分隔标签的原因。从技术上来说，它要求你的标签的命名空间，你保证你的标签是 ASCII 安全的即可。然后你应该在头脑中清晰地知道：

- 标签类似于索引标识。它们应该是唯一的，能够适当描述数据的内容。
- 标签要尽可能短，但也要保留足够的长度。
- 使用标签要做到人类可读和机器可解析。
- 正斜线是 Salt 的标准，使用其他的分隔符会让 Salt 熟手们困惑。

通用事件

在 Salt 内部有一些非常通用的事件。一部分只应用在 Salt 内部的子模块中。了解这些事件以及它们如何工作将会在构建反应器（Reactor）时非常有益。

salt/auth

Minion 会使用该事件定期完成与 Master 的重认证。在有效装载（payload）中将包含如下数据。

- `act`：指定该 Minion 当前的状态。
- `id`：表示该 Minion 的 ID。
- `pub`：指定该 Minion 的 RSA 公钥。
- `result`：指定该请求是否成功。

salt/key

当一个 Minion 的密钥被 Master 接受（accept）或拒绝（reject），将会发送这个事件。在有效装载（payload）中将包含如下数据。

- `id`：指定该 Minion 的 ID。
- `act`：表示该 Minion 的新状态。

salt/minion/<minion_id>/start

当 `salt-minion` 进程启动时，会在接收命令前做一些工作。一旦进程启动完毕，可以处理任务时，它将会发送这个事件。你可能也会看到一个标签为 `minion_start` 及具有相同载荷的事件。`minion_start` 事件是一个老标签系统的遗留问题，可期待在未来的版本中被移除。有效装载中包含如下数据。

- `cmd`：这是另一个用于告诉 Salt 这是一个什么类型事件的指标。在该例子中，它会是 `_minion_event`。
- `data`：以人类可读的方式来指定 Minion 什么时候启动。
- `id`：指定该 Minion 的 ID。

- pretag：Salt 内部使用的，用于产生命名空间。
- tag：事件标签的副本。

salt/job/<job_id>/new

当创建一个新任务时，将发送该事件。它包含任务的元数据。在事件的有效装载中将包含如下数据。

- arg：指定要传递给方法的参数。
- fun：指定要调用哪个方法（如 test.ping）。
- jid：指定该任务的 ID。
- minions：表示需要执行该任务的 Minion 列表。
- tgt：指定该任务的 target（例如 *）。
- tgt_type：指定该任务 target 的类型（例如 glob）。
- user：指定初始化该任务的用户。如果用户使用的是 sudo，将在用户名前增加 sudo_。

salt/job/<job_id>/ret/<minion_id>

一旦 Minion 完成了任务，它会发送一个包含返回数据的事件。有效装载中将包含如下数据。

- cmd：这是另一个告诉 Salt 这是什么类型事件的指标。在该例子中是 _return。
- fun：类似于 salt/job/<job_id>/new，指定当时调用的是哪个方法（如 test.ping）。
- fun_args：类似于之前的 args，指定传递给该方法的参数。
- id：指定是哪个 Minion 返回的数据。
- jid：指定任务 ID。
- retcode：指定在处理任务时进程的返回代码。
- return：指定任务的所有返回数据。取决于方法，数据可能非常短，也可能非常长。
- success：指定该任务是否成功完成。

salt/presence/present

只有当 Master 配置文件中 `presence_events` 设置为 `True` 时才会有这个事件。当设置为 `True` 时，会定期地发送包含当前连接到 Master 上的 Minion 列表的事件。有效装载中将包含如下数据。

- `present`：指定当前连接到 Master 上的 Minion 列表。

salt/presence/change

只有当 Master 配置文件中 `presence_events` 设置为 `True` 时才会有这个事件。当设置为 `True` 时，有新的 Minion 连接到 Master 或从 Master 上断开连接，会发送该事件。有效装载中将包含如下数据。

- `new`：指定从上次出现事件起已经连接的 Minion 列表。
- `lost`：指定从上次出现事件起已经断开连接的 Minion 列表。

通用云事件

当创建（create）或销毁（destroy）机器时，Salt Cloud 会发送一些事件。发送哪些事件及何时发送依赖于使用哪种云供应商的驱动（cloud provider driver）；一些事件用于其他任务，但会有少量事件在所有云供应商的驱动中产生。

云事件采用一种独特的方式，它们不必非要指向已有的 ID，它们可以指向一个虚拟机名字。在设计之初，在 Salt Cloud 中的虚拟机名字匹配用于 Master 的 Minion ID。然而有些事件指向的虚拟机正在创建中（当前并不能接收命令），而有些指向的虚拟机正在被销毁或已经被销毁。

salt/cloud/<vm_name>/creating

该事件是关于虚拟机创建的。当前，并没有已处理的事项。每一个云驱动都必须使用该标签。有效装载中将包含如下数据。

- `name`：包含要创建的虚拟机名字。
- `provider`：指定要应用云供应商配置的名字。
- `profile`：指定要使用 Profile 配置的名字。

salt/cloud/<vm_name>/requesting

当所有用于创建虚拟机需要的信息收集后，Salt Cloud 会从云供应商处产生一个虚拟机创建完毕的请求。有效装载中将包含如下数据。

- kwargs：指定来自于云供应商的所有参数，使用的 Profile，用于收集该请求的云拓扑。

salt/cloud/<vm_name>/querying

云供应商开始处理创建一个虚拟机并返回 Salt Cloud 能够用于指向的 ID。然而，它并不会返回 Salt Cloud 能够用于访问该 VM 的 IP 地址。Salt Cloud 会等待虚拟机的 IP 地址变成可用状态。有效装载中将包含如下数据。

- instance_id：指定云供应商需要知道的创建的虚拟机 ID。它可能并不会对应真正的虚拟机名称或 Minion ID。

salt/cloud/<vm_name>/waiting_for_ssh

当返回一个虚拟机 IP 地址时，并不代表虚拟机可用。Salt Cloud 会等待虚拟机变成可用状态并且可以响应 SSH 连接。有效装载中将包含如下数据。

- ip_address：表示用于连接该虚拟机的主机名或 IP 地址。

salt/cloud/<vm_name>/deploying

虚拟机现在可以通过 SSH 访问（Windows 虚拟机将对应 SMB 或 WinRM）。部署脚本（或 Windows 安装器）和其他附加文件（如公钥和私钥以及 Minion 配置）会上传上去。然后部署脚本（或 Windows 安装器）会执行。有效装载中将包含如下数据。

- name：指定已经创建的虚拟机名字。
- kwargs：用于部署 Salt 到目标系统上的参数。它会是非常长的列表，有一些项（如部署脚本的内容）会非常长。

salt/cloud/<vm_name>/created

虚拟机已成功创建。这并不一定表示 `salt-minion` 进程已经可以接收连接，有可能现在还在启动阶段。此时有可能因为防火墙问题，或者其他原因导致部署脚本或 Windows 安装器安装失败。如果你想等到 Minion 可用，你需要关注标签为 `salt/minion/<minion_id>/start` 的事件。每个云供应商驱动都必须支持 `salt/cloud/<vm_name>/created` 标签。有效装载中将包含如下数据。

- `name`：指定已经创建的虚拟机名字。
- `provider`：表示使用的供应商配置的名字。
- `profile`：表示使用的 Profile 配置的名字。
- `instance_id`：指定云供应商提供的虚拟机 ID。这可能与虚拟机名字或 Minion ID 不一致。

salt/cloud/<vm_name>/destorying

Salt Cloud 可以产生一个请求给云供应商用来销毁一个虚拟机。每个云供应商驱动都必须支持该标签。有效装载中将包含如下数据。

- `name`：指定需要销毁的虚拟机名字。

salt/cloud/<vm_name>/destoryed

Salt Cloud 已经销毁该虚拟机。每个云供应商驱动都必须支持该标签。有效装载中将包含如下数据。

- `name`：表示刚刚完成销毁的虚拟机的名字。

Salt API 事件

Salt API 是 Salt 内置的 API 守护进程，它为取代命令行方式来控制 Salt 提供了 REST 接口。需要注意的是 Salt API 具备从一个 webhook 发送自定义事件的特性。稍后将在 Salt API 配置部分做详细描述。

salt/netapi/<url_path>

真实的 URL 路径依赖于 Salt API 的配置。通常情况下会包含一个 hook-to 单词来表示它是个 webhook，随后跟着一个斜线及任意的命令。有效装载中将包含如下数据。

- `data`: 表示用于 POST 给 Salt API URL 的自定义数据。

构建反应器

现在，你已经看到事件是什么模样，那么我们能利用它们做什么呢？Salt 与其他类似系统的一个重大的区别特性是，它不仅能发送事件，而且 Master 能够基于事件中的信息来产生一个新的任务。

反应器系统（Reactor system）为用户提供一个构建异步和自助式的系统，可以非常简单，也可以异常复杂。

配置反应器

反应器（Reactor）是 Master 端的进程，不需要直接在 Minion 上做任何配置。事实上，反应器系统需要去监听事件总线（event bus）以确定它需要执行什么，它无法工作在基于 `salt-call` 命令的无 Master（masterless）环境中。

在配置 Master 时，需要给出反应器文件应该存放在哪个目录下。按照约定，它会存放在 `/srv/reactor/` 下，但它并不是一个硬编码，并不会强制放在 Salt 中的某个目录下。

反应器需要配置在 Master 配置文件中。对应的是 Reactor 配置区块，它包含标签映射，以及当发现标签时应该执行的 SLS 文件列表。如下面这个 Reactor 配置区块：

```
reactor:
  - 'salt/minion/*/start':
    - /srv/reactor/highstate.sls
```

这是个非常简单的反应器，它会等待 Minion 完全启动并且准备接受指令时，调用 highstate.sls 文件以响应。

在使用反应器时，有一些注意事项。首先，在本例中的标签并没有包含 Minion ID 而是使用了一个通配符。在反应器系统中，事件标签会以 glob（通配）的方式进行解析，允许利用命名空间标签，基于来自特定 Minion 事件的生成任务进行处理。

第二，标签（tag）和SLS文件都是列表样式的。反应器系统中有多少需要关注的标签以及一个标签对应多少SLS文件并没有什么硬性限制。

另外一个原因是，反应器（Reactor）是顶级声明（top-level declaration），不能在Master配置文件里边配置多个Reactor配置区块。下面这个单反应器代码块是没问题的：

```
reactor:
  - 'salt/minion/<minion_id>/start':
    - /srv/reactor/highstate.sls
  - 'salt/netapi/hook/ec2/autoscale':
    - /srv/reactor/ec2-autoscale.sls
  - 'salt/cloud/*/creating':
    - /srv/reactor/cloud-create-alert-pagerduty.sls
    - /srv/reactor/cloud-create-alert-hipchat.sls
```

这个代码块使用了内置的Salt事件以及另外两个子系统：Salt API和Salt Cloud。我们通过它们SLS的名字能推测出每个SLS是做什么的。

然而，标签和SLS文件的映射只是表示对应关系。接下来我们将看到反应器的SLS文件究竟是什么样的。

编写反应器

和其他Salt组件一样，反应器默认采用YAML格式。当然，与其他组件一样，反应器也允许采用Salt渲染系统支持的其他格式。在这里，我们将使用YAML格式外加一点Jinja模板来编写反应器。

反应器SLS文件与Salt的State SLS文件类似，包含以一个ID起始，接下来指定方法（function）以及该方法的参数的数据块。下面是我们之前看到的highstate.sls的例子：

```
highstate_run:
  cmd.state.highstate
    - tgt: {{ id }}
```

该反应器代码块的ID是highstate_run（请不要与之后的{{ id }}混淆，{{ id }}是通过Jinja模板来指定Minion ID的）。反应器代码块的ID可以是任意的内容。与State SLS文件不一样，该ID并不会影响该代码块中的任何项。当然，它必须是唯一的，但建议你将它配置成一看就能知道这个反应器是做什么的。

在反应器系统中，支持 3 种不同种类的方法，分别是执行模块、runner 模块及管理 Master 的 wheel 模块。使用时需要在方法的名字前分别加上 cmd、runner 或 wheel。例如，一个反应器需要在一个 Minion 上执行 cmd.run，那么对应的命令应该是：

```
cmd.cmd.run
```

首先我们通过查看基于执行模块的反应器来感受下反应器应该是什么样的。Runner 和 wheel 反应器是非常简单的，一旦你理解了执行 runner，另一个也会非常容易理解。

调用执行模块

执行模块作为 Salt 基础，它毫无悬念地成为反应器中最常用的类型。虽然我们先看到运行状态管理，但和 Salt State 一样，我们将从如何使用执行模块开始。

执行模块运行在 Minion 端，需要在 salt 命令中指出有哪些 Minion 作为目标（target）需要执行。这个目标对应到反应器中是 tgt。如果不想使用默认的 glob，需要通过 tgt_type 来声明目标类型。在反应器系统中，支持如下目标类型（target type）：

- glob
- pcre
- list
- grain
- grain_pcre
- pillar
- nodegroup
- range
- compound

大多数执行模块需要指定参数列表，在一个反应器中，可以通过 arg 或 kwarg 进行声明。

arg 参数包含需要传递给方法的参数列表，通过顺序来指定传递的位置。和 Python 中的 *args 概念类似。

```
kilroy:
  cmd.cmd.run:
    - tgt: {{ id }}
```

```
     - arg:
       - 'touch /tmp/kilroy_was_here
```

kwarg 参数包含一个需要传递给方法的参数名称以及对应值的字典。由于每个参数都有名称，所以顺序并不重要。和 Python 中的 **kwargs 概念类似。

```
kilroy:
  cmd.cmd.run:
    - tgt: {{ id }}
    - kwarg:
      cmd: 'touch /tmp/kilroy_was_here
```

调用 runner 模块

runner 模块运行在 Master 端，因此不需要指定运行目标（target）。但是 arg 参数和 kwarg 参数依然可用，使用方法和执行模块一样：

```
webhook1:
  runner.http.query:
    - arg:
      - http://example.com/path/to/webhook
webhook2:
  runner.http.query:
    - kwarg:
      url: http://example.com/path/to/other/webhook
```

调用 wheel 模块

wheel 模块设计用于管理 Master 自身，因此也不需要指定运行目标。在 wheel 反应器中最常见的用法是接收或删除 Master 上的 Minion 的 key。

```
accept_minion:
  wheel.key.accept:
    - match: {{ data['name'] }}
```

在使用 wheel 反应器时需要格外小心，尤其是接受 Minion key 的操作。你可以告诉之前的反应器并不只是以来自于 Minion 的事件开始。比如一个 Minion 的 key 并没有被 Master 接受，它如何能够产生一个事件？因此除使用 Jinja 代码来获取 ID（{{ id }}）外，也可以查看事件有效装载中的名字（{{ data['name'] }}）。

在这个特殊的例子中，并没有验证 event 是否来自于一个可信的 Minion。当你想通过反应器系统来接受 key 时，可能需要更合适的 Python 解释器来编写反应器 SLS，而不是简单地使用 YAML。使用 Python 来进行验证的反应器样例是 EC2 自动扩展反应器。对应的链接地址为：https://github.com/saltstack-formulas/ec2-autoscale-reactor。

当通过 Python 来编写反应器时，要尽可能地保持简单。因为 Salt 每次只能执行一个反应器，复杂的反应器会导致其他反应器排队等待它的返回。

编写更复杂的反应器

Salt 内置了丰富的模块，在反应器系统中可以实现强大的功能。接下来我们将会看到几个例子来学习反应器如何使用这些模块。

这些例子只应用了 Salt 中的几个部分，并不会覆盖完全。我们会使这些实例足够简单，只演示例子需要的内容。

发送告警

Salt 中内置了一些模块用于对外发送告警。如 smtp 和 http 执行模块，它们基于已在互联网中存在很长时间的标准。其他的如 pagerduty 和 hipchat 模块，为商业服务构建。这些告警模块中有一些是免费的，有一些需要对应的付费账户。

让我们来设置一个简单的监控系统例子，它会检查 Minion 端的磁盘使用情况，如果指定磁盘满了，会发送一个告警。首先我们先看看如何建立一个监控磁盘状态的监控 State。

创建/srv/salt/monitor/disks.sls 文件并包含如下内容：

```
root_device_size:
  disk.status:
    - name: /
    - maximum: '90%'
    - onfail_in:
      - event: alert_admins_disk

alert_admins_disk:
  event.send:
    - name: alert/admins/disk
```

接下来我们在 Master 配置文件中映射该事件标签给反应器：

```
reactor:
  - alert/admins/disk:
    - /srv/reactor/disk_alert.sls
```

在 Master 配置文件中，也需要添加 pagerduty 服务的配置：

```
my-pagerduty-account:
  pagerduty.subdomain: mysubdomain
  pagerduty.api_key: 1234567890ABCDEF1234
```

接下来，我们会以创建使用 pagerduty 服务的事件来创建 /srv/reactor/disk_alert.sls：

```
new_instance_alert:
  runner.pagerduty.create_event:
    - kwarg:
        description: "Low Disk Space: {{ id }}"
        details: "Salt has detected low disk space on {{ id }}"
        service_key: 01234567890ABCDEF0123456789abcde
        profile: my-pagerduty-account
```

通过以下命令执行之前配置的监控磁盘的 State：

 # salt myminion state.sls monitor.disks

如果 Salt 侦测到指定参数中的根设备，事件并不会被发送，反应器也并不会被触发：

```
local:
----------
          ID: root_device_size
    Function: disk.status
        Name: /
      Result: True
     Comment: Disk in acceptable range
     Started: 18:53:54.675835
    Duration: 6.393 ms
     Changes:
----------
          ID: alert_admins
    Function: event.send
```

```
        Name: alert/admins/disk
      Result: True
     Comment: State was not run because onfail req did not change
     Started:
    Duration:
     Changes:


Summary
------------
Succeeded: 2
Failed:    0
------------
Total states run:      2
```

如果 Salt 侦测到根设备使用率超过 90%，我们将会看到与之前不同的响应：

```
local:
----------
          ID: root_device_size
    Function: disk.status
        Name: /
      Result: False
     Comment: Disk is above maximum of 90 at 93
     Started: 19:07:06.024935
    Duration: 6.315 ms
     Changes:
----------
          ID: alert_admins
    Function: event.send
        Name: alert/admins/disk
      Result: True
     Comment: Event fired
     Started: 19:07:06.033681
    Duration: 28.329 ms
     Changes:
              ----------
              data:
                  None
```

```
        tag:
            alert/admins/disk

Summary
------------
Succeeded: 1 (changed=1)
Failed:    1
------------
Total states run:    2
```

这是在命令行中我们看到的输出，但是在背后做了一些其他的工作。我们可以看到它产生了 alert_admins_disk 事件。但我们并没有看到触发了 disk_alert 反应器，以及它会在 PagerDuty 中创建一个事件（incident）。在这里，PagerDuty 接收并发送告警给服务中配置的管理员。

我们可以使用 Salt 调度器（scheduler）来创建自动运行这个进程。只需要在 Minion 配置中添加如下代码块：

```
schedule:
  disk_monitoring:
    function: state.sls
    seconds: 360
    args:
      - monitor.disks
```

配置完毕后，重启 Minion。Minion 再次启动后，会每 5 分钟执行一次 monitor_disks SLS。

使用 webhook

之前有提到，Salt API 提供一个 REST 接口，它能够用于 Master 接收 webhook。这些 webhook 可以转换为事件，被反应器接收。

在我们接收 webhook 前，需要先进行 Salt API 配置。首先需要编辑 Master 配置以使 Salt API 能够接收 webhook：

```
rest_cherrypy:
  port: 8080
  host: 0.0.0.0
```

```
ssl_crt: /etc/pki/tls/certs/localhost.crt
ssl_key: /etc/pki/tls/certs/localhost.key
webhook_url: /hook
webhook_disable_auth: True
```

 创建 ssl_crt 和 ssl_key 文件的方法可以在第 6 章中的创建 *SSL 证书*一节
找到。

接下来，我们可以创建事件映射来对应我们想要执行的 SLS 文件。添加如下内容到 Master 配
置中：

```
reactor:
  - salt/netapi/hook/customevent
    - /srv/reactor/webhook.sls
```

我们假设 Master 的主机名是 salt-master，对应的 webhook URL 是：

```
https://salt-master:8080/hook/customevent
```

Master 配置完毕后，重启 Master 服务。Salt API 作为独立的进程，也需要启动它：

 # systemctl restart salt-master
 # systemctl start salt-api

我们可以通过 cURL 从另一个系统的命令行触发这个事件：

$ curl https://salt-master:8080/hook/customevent -H 'Accept: application/
json' -d passphrase=soopersekrit

如果你正在使用 eventlisten.py 监听事件总线，你将看到如下事件：

```
Event fired at Sat Apr 18 20:07:30 2015
*************************
Tag: salt/netapi/hook/customevent
Data:
{'_stamp': '2015-04-19T02:07:30.460017',
 'body': '',
 'headers': {'Accept': 'application/json',
             'Content-Length': '23',
             'Content-Type': 'application/x-www-form-urlencoded',
             'Host': 'localhost:8080',
```

```
                      'Remote-Addr': '127.0.0.1',
                      'User-Agent': 'curl/7.41.0'},
        'post': {'passphrase': 'soopersekrit'}}
```

注意，我们在这里使用了一个密码（passphrase）。HTTPS 可能可以保护发送数据的安全性，但它不能保护任何未授权的使用。它仍需要用户实现自己的认证方案。

当使用 YAML 来编写反应器时，我们需要一些机制来检查这个密码。幸运的是，Jinja 提供了检测密码的逻辑。创建/srv/reactor/webhook.sls 并包含如下内容：

```
{% set passphrase = data['post'].get('passphrase', '') %}
{% if passphrase == 'soopersekrit' %}
authenticated:
  cmd.cmd.run:
    - tgt: myminion
    - arg:
      - 'touch /tmp/somefile'
{% endif %}
```

Jinja 提供的只是一个简单的逻辑认证方案。如果想认证得更复杂，可能需要使用纯 Python 的方式来编写反应器。如下边的这个 SLS，与之前 YAML 和 Jinja 反应器一样功能的 Python 版本：

```
#!py

def run():
    passphrase = data['post'].get('passphrase', '')
    if passphrase == 'soopersekrit':
        return {
            'authenticated': {
                'cmd.cmd.run': [
                    { 'tgt': 'dufresne' },
                    { 'kwarg': {
                        'cmd': 'touch /tmp/somefile'
                    }
                }
                ]
            }
        }
```

这个例子展示了两种不同的 SLS 文件。这些文件对于 webhook 来讲非常简单。接下来我们来看一点更高级的使用。

反应器调用反应器

让我们建立一组新的反应器。首先我们在 Master 配置文件中添加如下反应器代码块的事件：

```
reactor:
  - 'salt/netapi/hook/gondor':
    - '/srv/reactor/gondor.sls'
  - 'salt/netapi/hook/rohan':
    - '/srv/reactor/rohan.sls'
```

配置完毕后，salt-master 服务必须重启以应用新映射，而 salt-api 服务并不需要重启。我们使用下边的指令进行 Master 重启：

```
# systemctl restart salt-master
```

接下来，我们创建/srv/reactor/gondor.sls 并包含如下内容：

```
ask_rohan_for_help:
  runner.http.query:
    - kwarg:
      url: 'http://localhost:8080/hook/rohan'
      method: POST
      data:
        message: 'Rohan, please help!
```

然后，创建/srv/reactor/rohan.sls 并包含如下内容：

```
respond_to_gondor:
  cmd.cmd.run:
    - tgt: gandalf
    - arg:
      - "echo 'Rohan will respond' > /tmp/rohan.txt
```

以上操作完毕后，我们有了一个通过 webhook 调用其他反应器的反应器，为了检查响应，我们添加了一个小延时：

```
# curl https://localhost:8080/hook/gondor -H 'Accept: application/json'
-d '{}' ; sleep 3; echo; cat /tmp/rohan.txt
```

```
{""success"": true}
Rohan will respond
```

在这个例子中，这组反应器在同一台 Master 上。不过并不是说 URL 和 rohan 反应器不能存放在其他完全不同的 Salt 基础设施上。

这个例子也展示了反应器可以调用其他反应器、Minion、Master，甚至整个能够配置连通的基础设施，通过一串异步事件让它们之间实现自动化。

使用队列系统

队列系统是另外一个具有发送事件能力的 Salt 组件。它可以在反应器系统中使用。在我们使用之前，我们先来了解下使用队列系统的基础知识。

队列如何工作

从最基本的层面上讲，队列是非常简单的。能够在队列中添加项目，能在稍后按照添加的顺序处理这些项目，依赖于所使用的队列模块，项目可能唯一，也可能不唯一。

在我们的例子中，我们将使用默认的 sqlite: 队列模块。由于 sqlite3 内置于 Python 中，因此该模块可以工作在任何基础设施中。该模块将会在数据库文件不存在时自动创建数据库文件。需要注意的是，sqlite 需要项目是唯一的。如果你想使用其他模块，只需要在队列命令后添加 backend 参数即可。如想获得在 sqlite 中存放的队列列表，需要使用如下命令：

```
# salt-run queue.list_queues backend=sqlite
```

队列系统通过 runner 进行管理，这意味着队列数据库只能被 Master 访问。当然稍后我们将看到它也用于在 Minion 上管理任务。

添加项目到队列中

在通过队列处理之前，我们需要先添加一些项目到队列中，以便之后处理。现在我们将使用一个叫作 myqueue 的队列，接下来的命令会添加一个项目到该队列中：

```
# salt-run queue.insert myqueue item1
True
```

当然队列也可能支持通过列表来一次性添加多个项目。在命令行中，我们将会使用JSON串：

```
# salt-run queue.insert myqueue '["item2", "item3"]'
True
```

列出队列

我们使用的sqlite模块中，如果命令中需要处理的队列不存在，那么会自动创建。下面的命令将列出当前有效的队列：

```
# salt-run queue.list_queues
- myqueue
```

列出队列中的项目

现在我们队列中有了一些项目，让我们迅速地查看它们。我们可以通过如下命令列出它们：

```
# salt-run queue.list_items myqueue
- item1
- item2
- item3
```

可以使用如下命令来获取队列中项目的个数：

```
# salt-run queue.list_length myqueue
3
```

处理队列中的项目

有两种方式来处理一个或多个队列中的项目。简单地弹出（pop）队列将会移除第一个项目并展示在命令行上：

```
# salt-run queue.pop myqueue
- item1
```

如果想同时弹出多个项目，可以使用如下方法：

```
# salt-run queue.pop myqueue 2
- item2
- item3
```

它非常有益于那些使用 Salt 队列系统的应用程序。然而它并不能提供系统的自动化功能。如果想实现自动化，我们需要为反应器系统（Reactor system）发送事件（fire event）。接下来的命令将从队列中弹出一个项目并为它发送一个事件：

```
# salt-run queue.process_queue myqueue
item1
```

如果在命令执行时你正在监听事件总线，你会看到如下事件：

```
Event fired at Sat Apr 18 22:29:18 2015
*************************
Tag: salt/queue/myqueue/process
Data:
{'_stamp': '2015-04-19T04:29:18.066287',
 'backend': 'sqlite',
 'items': ['item1'],
 'queue': 'myqueue'}
```

像弹出多个项目一样，你也可以一次处理多个队列项目。它们将展示在同一个事件中：

```
Event fired at Sat Apr 18 22:30:22 2015
*************************
Tag: salt/queue/myqueue/process
Data:
{'_stamp': '2015-04-19T04:30:22.240045',
 'backend': 'sqlite',
 'items': ['item2', 'item3'],
 'queue': 'myqueue'}
```

从队列中删除项目

在我们继续之前，还有一些其他有用的功能，如直接从队列中删除一个项目，而不是弹出或处理它：

```
# salt-run queue.delete myqueue item1
True
```

也允许通过以下代码一次性删除多个项目：

```
# salt-run queue.delete myqueue '["item2", "item3"]'
True
```

在反应器中使用队列

队列设计之初就是用于反应器系统。添加 Minion ID 到队列中并以合适的时间来执行这个队列。该需求常用于大规模的任务场景中，它们可能会消耗尽 Master 端的资源。

扩展到 State 运行

让我们来看一个用例。Master 运行在没有能力为所有的 Minion 提供不同的大文件的硬件环境上。这次我们不是一次性在所有 Minion 上运行一个 State，而是来看一下如何使用队列扩展。

首先让我们先建立反应器。队列系统总是使用 salt/queue/myqueue/process 标签，故让我们在 Master 配置文件中映射对应的反应器 SLS 文件：

```
reactor:
  - salt/queue/myqueue/process
    - /srv/reactor/salt-queue.sls
```

现在我们需要建立反应器。它不是复杂的反应器，只需要处理 state.highstate 命令。创建/srv/reactor/salt-queue.sls 文件并包含如下内容：

```
{% if data['queue'] == 'needs_highstate' %}
{% for minion in data['items'] %}
highstate_{{ minion }}:
  cmd.state.highstate:
    - tgt: {{ minion }}
{% endfor %}
{% endif %}
```

我们在本例中使用 Jinja 去过滤队列并只循环队列中需要执行的项目。在本例中，我们需要的队列名字叫 needs_highstate。为了通过事件来传递每个 Minion ID，我们创建了一个叫作 highstate_<minion_id> 的反应器，用于 Minion 来处理执行 state.highstate 命令。

现在我们已经建立了反应器，接下来我们需要建立一个调度器，每 5 分钟运行一次 State 管理。在 Master 配置文件中添加如下代码：

```
schedule:
  highstate_queue:
```

```
function: queue.process_queue
minutes: 5
arg:
  - needs_highstate
```

当重启完 Master 后，调度器会每 5 分钟（从 Master 启动开始）从队列中移出一个 Minion ID 并处理运行中的 State。如果队列中没有 Minion，它会再等 5 分钟并重试。

Minion 间分配任务

让我们来看另外一个用例，大量的任务需要由多个 Minion 处理。在这个例子中，我们会有两个队列。第 1 个队列包含它们收到的 POST 过来的 URL 数据。第 2 个队列包含需要执行任务的 Minion 列表。为了简单地实现目的，我们假设任务 POST 数据到 URL 上，并没有其他的交互。这个例子的任务只需要 Minion 运行处理/usr/local/bin/bigjob 命令。

首先，我们需要先建立 bigjob 队列，包含了用于 Minion 的数据：

 # salt-run queue.insert bigjob '["data1", "data2", "data3", "data4"]'

接下来我们建立 workers 队列，包含需要处理大任务的 Minion 名字：

 # salt-run queue.insert workers '["dave", "carl", "jorge", "stuart"]'

在此之前，我们需要在 Master 配置文件中配置下事件数据与反应器 SLS 的映射：

```
reactor:
  - salt/queue/myqueue/process
    - /srv/reactor/salt-queue.sls
```

在这个例子中，我们将创建一个新的/srv/reactor/salt-queue.sls 文件并包含如下内容：

```
{% if data['queue'] == 'bigjob' %}
{% for job in data['items'] %}
bigdata_{{ job }}:
  runner.http.query:
    - kwarg:
      url: 'http://bigdata.example.com/jobs'
      method: POST
      data:
        job={{ job }}
```

```
bigjob_{{ job }}:
  runner.queue.process_queue:
    - arg:
      - workers
{% endfor %}
{% endif %}
{% if data['queue'] == 'workers' %}
{% for minion in data['items'] %}
worker_{{ minion }}:
  cmd.cmd.run:
    - tgt: {{ minion }}
    - arg:
      - '/usr/local/bin/bigjob'
{% endfor %}
{% endif %}
```

这个文件包含了很多内容，这里我们详解一下。首先我们将对 bigjob 队列做处理。每一个在队列中的项目都会 POST 到 http://bigdata.example.com/jobs URL 地址上。同样也会在 POST 后触发 worker 队列一次处理一个项目。

worker 队列反应器是非常简单的，它会从队列中弹出一个 Minion ID 并请求它去执行 /usr/local/bin/bigjob 命令。同样地，这里我们将假设该命令知道如何使用我们 POST 给 URL 的数据。

有多种处理该工作流的方法。一个方法是一旦一个 bigjob 命令完成后，它会发送一个事件给反应器以处理 bigjob 队列中下一个项目。让我们继续设置一个 webhook 实现这个需求。为了简单方便，我们这次并不考虑认证的问题。

首先，在 Master 配置文件中添加一个新的 webhook 与新的反应器的对应：

```
reactor:
  - salt/netapi/hook/bigjob
    - /srv/reactor/bigjob.sls
```

接下来，我们将创建 /srv/reactor/bigjob.sls 文件并包含如下内容：

```
process_bigjob:
  runner.queue.process_queue:
    arg:
      - bigjob
```

现在我们假设 Master 的主机名是 salt-master，我们通过 cURL 命令进行如下操作：

```
curl https://salt-master:8080/hook/bigjob -H 'Accept: application/json'
-d '{}'
```

这个操作将会处理队列中的一个项目。也可以通过/usr/local/bin/bigjob 命令完成任务后进行调用，以通知 Master 它已经完成了任务。当然，Minion 也应该将它的名字重新加入队列。让我们来修改下/srv/reactor/bigjobs.sls 以完成这个重新加入队列的动作：

```
process_bigjob:
  runner.queue.process_queue:
    arg:
      - bigjob


add_worker:
  runner.queue.insert:
    arg:
      - workers
      - {{ data['minion_id'] }}
```

我们也需要更改 cURL 命令以包含 Minion ID：

```
curl http://salt-master:8080/hook/bigjob -H 'Accept: application/json' -d
minion_id=<this_minion_id>
```

另一个方式是使用调度器来常规处理 bigjob：

```
schedule:
  bigjob_queue:
    function: queue.process_queue
    hours: 1
    arg:
      - bigjob
```

在这个例子中，需要确保已经从/srv/reactor/bigjob.sls 中移除了 process_bigjob 代码块，但是留下 add_worker 代码块。

总结

Salt 的事件系统（event system）结合反应器系统（Reactor system）将会变得非常强劲。事件可以触发其他事件，甚至可以触发更多的事件。它使 Salt 从配置管理和自动化领域进化到更大的自治领域。

在第 5 章，将会看到一个全新的工具集，我们可以看到 Salt Cloud 如何进行扩展，来增强我们的基础设施。

第5章

Salt Cloud 进阶

有太多的因素，使得 Salt Cloud 成为 Salt 工具中重要的组成部分。Salt Cloud 最初的设计是为了在众多云主机供应商上创建和使用 Salt 去维护虚拟机，随着不断的扩展，Salt Cloud 的功能越来越强大。在本章中，我们将讨论如下内容。

- Salt Cloud 的基础配置。
- 扩展配置指令（directive）。
- 构建自定义部署脚本。
- 使用 cloud map 进行工作。
- 构建和使用自动伸缩的（autoscale）反应器（Reactor）。

需要注意的是，在本章中将讨论如何去管理计算节点或实例，通常指的是虚拟机。但有些云主机供应商也为用户提供云资源创建整个物理服务器或更底层的实例资源。我们会将它们统称为计算实例（*compute instance*）。

了解 Salt Cloud 配置

Salt Cloud 增强的最大改变之一就是它的配置文件。早期的版本虽然支持很多云服务供应商，但是每个供应商只支持配置一个账户。由于在实际环境中，用户通常有多个账户，Salt Cloud 很快就对此做出了调整。接下来让我们来看看现在的 Salt Cloud 的配置文件是如何工作的。

全局配置

Salt Cloud 的基础配置通常配置在主配置文件中，路径通常是/etc/salt/cloud。该文件之前用于存储 Salt Cloud 中非常重要的选项，不过现在，很少有只能存储在该文件中的选项了。我们将在之后的内容中介绍，将关注该文件的全局部分。

Salt Cloud 设计时遵循自上而下（top-down）的配置观念。配置文件中定义的每种类型的配置都会继承到下一级配置，除非进行了覆盖操作。操作的顺序如下。

1. /etc/salt/cloud。

2. Provider 配置。

3. Profile 配置。

4. cloud map。

有些选项可以适用很多云供应商，而有一些只对部分有效。配置编译是为了创建新的计算实例。有一些选项变得非常有用，但并不是必需的。不过不用担心，因为声明不可用（unusable）的选项都会被忽略掉。

让我们来看一个例子。假设你在 Amazon 的 EC2 云中管理了一些计算实例，它们位于多个区域（region）。你将会在下一节中看到每个区域都可以配置成独立的 cloud provider。但是你可以配置一些能够在所有区域中使用的 EC2 指定选项：

```
# cat /etc/salt/cloud
rename_on_destroy: True
delvol_on_destroy: True
```

这两个选项是针对 EC2 的。每个区域设置成独立的 cloud provider 时都会继承这些选项，用户不需要多次指定它们。当大量配置需要修改时，精简的配置能够降低出错的概率。这是因为反复编辑多个文件，配置代码块会被删除掉。

Provider 和 Profile 配置

在详解这两种类型的配置是如何工作之前，我们需要先对这两种类型做下了解。你应该已经熟悉了对应类型下的这些配置项，因此在这里我们不会详解各自类型的配置项。

Provider

Provider 对应的是那些允许我们创建新的计算实例的云主机公司。同一个 cloud provider 可以应用在多个 Provider 配置块中，用于指定多个区域。例如接下来的配置块中，同一个主机公司，我们有两个不同的区域（region）：

```
ec2-east:
  provider: ec2
  id: HJGRYCILJLKJYG
  key: 'kdjgfsgm;woormgl/aserigjksjdhasdfgn'
  keyname: test
  securitygroup: quick-start
  private_key: /root/test.pem
  location: us-east-1
ec2-west:
  provider: ec2
  id: HJGRYCILJLKJYG
  key: 'kdjgfsgm;woormgl/aserigjksjdhasdfgn'
  keyname: test
  securitygroup: quick-start
  private_key: /root/test.pem
  location: us-west-1
```

 注意在每个配置块中，都有一个 provider 的配置行。在 provider 配置块中，该参数对应的是用于管理计算实例的驱动。

Provider 配置存储在两个地方之一。对于简单的云配置，存储在/etc/salt/cloud.providers 文件就很方便。如果有很多 cloud provider 配置，想存储成能够通过配置管理工具（如 Salt）进行管理的独立的小文件，可以将它们划分成多个文件存放在/etc/salt/cloud.providers.d/目录下。

 注意在/etc/salt/cloud.providers.d/目录下的文件需要以.conf 作为其扩展名，以便 Salt Cloud 能够使用它们。

Profile

Profile 配置用于构建配置块。这些块用于定义某一类型的计算实例。如基础设施中的多个 Web server 共享同一份配置，各数据库服务使用和 Web server 配置完全不同的配置。

每个 Profile 配置块用于区分每种类型的主机的配置。下来让我们看看这两个 Profile：

```
azure-centos:
  provider: azure-west
  image: 'OpenLogic-CentOS-65-20150128'
  ssh_username: root
  ssh_password: pass123
  ssh_pubkey: /root/azure.pub
  media_link: 'https://example.blob.core.windows.net/vhds'
  slot: production
  size: Medium
azure-ubuntu:
  provider: azure-west
  image: 'Ubuntu-14_04-LTS-amd64-server-20140724-en-us-30GB'
  ssh_username: larry
  ssh_password: pass123
  ssh_pubkey: /root/azure.pub
  media_link: 'https://example.blob.core.windows.net/vhds'
  slot: production
  size: Medium
  tty: True
  sudo: True
```

这些 Profile 非常相近，区别是操作系统。很多 CentOS 镜像默认使用 root 用户作为默认用户，而 Ubuntu 的理念是默认用户为非特权（unprivileged）用户。但是，安装 Salt 需要使用特权访问，因此在 Salt Cloud 中增加了附加的选项 sudo，用于能够以 root 来运行命令。

 需要注意每个配置块中的 provider 参数。在本例中，它对应的是 provider 配置文件中的配置块，而并不是驱动的名字。

和 Provider 配置文件类似，Profile 配置也可能存放在/etc/salt/cloud.profiles 文件中，或者以.conf 作为扩展名存放在/etc/salt/cloud.profiles.d/目录下。

扩展配置块

provider 和 profile 配置块在 Salt 配置中需要保证唯一性，同时它们也支持扩展配置指令。该特性允许你创建一个通用的 provider 或 profile 配置块，然后以该配置块作为其他 provider 或 profile 定义的模板。

例如下边这个 Profile：

```
ec2-ubuntu:
  provider: my-ec2
  image: ami-83dee0ea
  size: m3.medium
  ssh_username: ubuntu
  securitygroup: images
  spot_config:
    spot_price: 0.24
```

该 Profile 增加了 Amazon EC2 竞价型实例（spot instance）特性，允许你以更低的成本使用同等资源。该 Profile 及它的低价位可以作为你组织（organization）中的大多数计算实例的默认配置，然而重要的计算实例可能会有一些不同。

你有一些只用于提供静态图片的 Web 服务器，它们并不需要很大或花费很多的计算能力。你可以创建一个继承之前 Profile 的所有属性，同时按照需要覆盖对应的参数。

```
static-image-ec2:
  size: m1.small
  spot_config:
    spot_price: 0.10
  extends: ec2-ubuntu
```

该 Profile 一旦被 Salt Cloud 编译，将会创建一个和如下的 Profile 类似的新的 Profile：

```
static-image-ec2:
  provider: my-ec2
  image: ami-83dee0ea
  size: m1.small
  ssh_username: ubuntu
  securitygroup: images
  spot_config:
    spot_price: 0.10
```

是时候指出 extends 块中非常重要的限制了。在 Profile 中可以通过 list 来声明多个配置项。如 ssh_username 可以指定多个供应商的通用配置项，来看下面这个例子：

```
ec2-ubuntu:
  provider: my-ec2
  image: ami-83dee0ea
  size: m3.medium
  ssh_username:
    - ubuntu
    - ec2-user
  securitygroup: images
```

这里提供了两个用户名。当第一次登录计算实例时，Salt Cloud 会按照顺序进行多次登录尝试，直到找到有效的用户名。

如果该 Profile 需要同时包括 root 用户，那么整个 ssh_username 参数需要进行重新声明。这是因为 list 项目会被覆盖掉。下面这个 Profile 在最终配置中只包含 root 用户名：

```
medium-ubuntu:
  ssh_username:
    - root
  extends: ec2-ubuntu
```

下面这个 Profile 会包含所有需要的用户名：

```
medium-ubuntu:
  ssh_username:
    - ubuntu
    - ec2-user
    - root
  extends: ec2-ubuntu
```

这看起来会有些古怪，因为在 SLS 文件中 list 参数会追加进去。例如下面代码中的 require 语句：

```
nginx-service:
  service.running:
    - name: nginx
    - require:
      - pkg: nginx-package
      - pkg: mysql-package
```

但是在 SLS 文件的例子中，顺序并不是那么重要。只有当所有的需求都被满足，该 State 才会执行。如果需求需要按照指定的顺序进行执行，则每个项目必须声明它自己的需求列表，以决定执行顺序。

在 Salt Cloud 列表的例子中，顺序是非常重要的，例如例子中的 ssh_username，每个项目会按照它出现的顺序进行执行。如果只是添加到列表中，则执行的顺序并不一定是想要的顺序。

构建自定义部署脚本

Salt Cloud 最重要的部分之一是它不仅能够创建计算实例，它也可以在实例可用时部署 Salt（或其他的工具）。大多数用户会使用 Salt Bootstrap 脚本安装 Salt，但该脚本也可以根据需要进行调整或替换成自己的脚本文件。

理解 Salt Bootstrap 脚本

Salt Cloud 在非 Windows 计算实例上安装 Salt 时默认会采用 Salt Bootstrap 脚本进行部署。默认情况下，Salt Bootstrap 只会安装 Salt Minion 服务。当然它也可以根据需要安装 Salt Master 和 Salt Syndic。

Salt Bootstrap 脚本中有一些特别的考虑，以保证它能够正常工作。首先，它的设计目标之一是能够尽可能地运行在大多数 POSIX 平台上，包括各种 UNIX 和 Linux 版本。为了适应各个平台，它的代码与 *Bourne shell*（也常称为 sh）兼容。

在各大 UNIX 和 Linux 发行版中，很难找到不支持 Bourne shell 的发行版，因此 Salt Bootstrap 脚本能够在各个平台上运行（除了 Windows）。它会自动侦测它运行的操作系统，基于此来安装 Salt 的依赖，然后安装 Salt。

这个特性带我们了解 Salt Bootstrap 的另一重要方面。当它在大多数平台上执行时，它需要针对该平台编写它的任务。截至 Salt Bootstrap 2015.03.15 版本，支持如下平台。

- Amazon Linux 2012.09

- Arch Linux

- CentOS 5/6

- Debian 6.x/7.x（只支持 Git 方式安装）

- Debian 8

- Fedora 17/18

- FreeBSD 9.1/9.2/10

- Gentoo

- Linaro

- Linux Mint 13/14

- OpenSUSE 12.x

- Oracle Linux 5/6

- Red Hat Enterprise 5/6

- Scientific Linux 5/6

- SmartOS

- SUSE Linux Enterprise 11 SP1~3

- Ubuntu 10.x/11.x/12.x/13.04/13.10

- Elementary OS 0.2

你可能已经注意到，Debian 有只支持 Git 方式安装的平台。在操作系统的一般模式下，Salt Bootstrap 会从该平台的公共仓库上使用可用的预构建（prebuild）包来安装当前可用的最新 Salt 版本。接下来我们说下如何安装它们。

安装预构建包

大部分使用 Salt Bootstrap 的用户，都是在 Salt Cloud、Salty Vagrant，或其他类似的工具之上使用，这些工具会自动将 Salt Bootstrap 放在要部署的计算节点上然后运行。但是，了解如何手动运行 Salt Bootstrap 是非常有用的。

Salt 中通常包含了 Salt Bootstrap，以便 Salt Cloud 能够使用它。如果你使用的是最新版本的 Salt，你通常也拥有最新版本的 Salt Bootstrap。如果你想确定是否是最新的 Bootstrap，你可以通过如下代码要求 Salt Cloud 更新 Bootstrap：

```
# salt-cloud --update-bootstrap
```

你也可以手动在目标系统上下载最新稳定版本的 Bootstrap。在命令行中有多种方法可以完成该操作，具体使用哪个要看你的操作系统中是否已经安装了对应的下载工具：

```
# curl -L https://bootstrap.saltstack.com -o  bootstrap-salt.sh
# wget -O bootstrap-salt.sh https://bootstrap.saltstack.com
```

```
# python -m urllib "https://bootstrap.saltstack.com" > bootstrap-salt.sh
# fetch -o bootstrap-salt.sh https://bootstrap.saltstack.com
```

一旦下载完成，你可以使用如下代码，不指定任何参数就可以运行它来安装 Salt Minion：

```
# sh bootstrap-salt.sh
```

如果你想安装 Salt Master，使用-M 参数：

```
# sh bootstrap-salt.sh -M
```

如果你想安装 Salt Syndic，使用-S 参数：

```
# sh bootstrap-salt.sh -S
```

如果你只是想安装 Salt lib 库，但并不想安装 Salt Minion，使用-N 参数：

```
# sh bootstrap-salt.sh -N
```

这些参数也可以根据需要一起使用。当 Salt 服务安装成功后，它们会自动运行起来，如果你不想让它们自动运行，使用-X 参数：

```
# sh bootstrap-salt.sh -X
```

该方法并不能应用在基于 Debian 的发行版上，如 Ubuntu，它们在安装完软件包后会自动运行服务。因此 Salt Bootstrap 会给出对应的警告说明。但已做出的努力尽可能支持这一参数。

需要注意的是当服务自动运行起来，此时配置文件并没有进行正确的配置，会产生问题。默认情况下，Salt Minion 会检查 DNS 中的 salt 主机名来作为 Salt Master 的地址。它也会使用 Minion 自身的主机名来作为 Minion ID。如果没有 salt 主机名，或 Minion 的主机名是 localhost，会报错。

在你运行 Salt Bootstrap 脚本之前，你可以将配置文件和 key 直接放到指定的位置，或者将它们放在一个临时目录下，让 Bootstrap 脚本将它们放到指定的位置：

```
# sh bootstrap-salt.sh -c /tmp/.saltbootstrap/
```

这个特性可以应用在自动化部署程序上，如 Salt Cloud，可以将一些资源文件传送到目标主机上。下面是一组简化版的命令，由 Salt Cloud 运行来创建并将文件汇聚到该目录：

```
(via ssh)# mkdir /tmp/.saltcloud-<randomhash>/
(via ssh)# chmod 700 /tmp/.saltcloud-<randomhash>/
# scp minion target:/tmp/.saltcloud-<randomhash>/
# scp minion.pem target:/tmp/.saltcloud-<randomhash>/
# scp minion.pub target:/tmp/.saltcloud-<randomhash>/
```

```
# scp bootstrap-salt.sh target:/tmp/.saltcloud-<randomhash>/
```

一旦该目录中的文件汇聚完毕，Salt Cloud 会执行该命令来运行 Bootstrap 脚本。运行完毕后，Salt Cloud 会清理目标主机上的这个临时目录，并为用户返回结果。

从 Git 仓库安装包

如果你不想使用系统公共仓库中的预构建包，你可以有两种安装方法。一种是安装 Git 仓库的包，另一种使用自定义部署脚本。自定义部署脚本我们将在稍后进行讨论。我们先来看看如何安装 Git 仓库中的包。

想要从 Git 仓库安装包，你需要在 Salt Bootstrap 命令后添加上 `git <branch>` 参数：

```
# sh bootstrap-salt.sh git develop
```

默认情况下，Bootstrap 会使用 SaltStack 官方在 GitHub 上的 Salt 仓库：

```
https://github.com/saltstack/salt
```

如果你想使用其他 Git 仓库安装 Salt，比如你自己的 fork，可以使用 -g 参数：

```
# sh bootstrap-salt.sh -g https://github.com/myuser/salt.git git develop
```

一般情况下，Salt Bootstrap 会使用 `git://` URL。如果 Git 端口访问受限，你需要使用 `https://` URL。除了手动指定 `https://` URL 外，你也可以使用 -G 参数让它自动使用 `https://` URL，如下面的命令：

```
# sh bootstrap-salt.sh -G git develop
```

如果你想安装一个和发行版仓库中版本不一样的 Salt 版本，基于 Git 的安装将是最简单的。SaltStack 官方使用 Git tag 来保持追踪 Salt 的各个主要版本。自 2014 年 1 月起，Salt 的版本命名规则变更为了以年和月进行命名，对应的 tag 也这么命名。如想安装 Salt 的 2015.5 分支，可以使用如下命令：

```
# sh bootstrap-salt.sh git 2015.5
```

回看遗留的部署脚本

在 Salt Bootstrap 脚本之前，有一些各式各样的用于部署 Salt 的脚本。每一个操作系统都有两个脚本：一个是从系统发行版仓库中进行安装，另一个是从 Git 上进行安装。尽管它们已经不再使用并已经过时了，但它们依然包含在 Salt Cloud 中。

保留这些版本的其中一个原因是，一些因为各种原因无法使用 Salt Bootstrap 的用户，能够通过遗留的部署脚本并按照需求修改它们以完成安装。

当然也有一些基于 Salt Bootstrap 脚本封装的新的部署脚本。这些脚本主要用于满足用户定制化的需求：用户可以在 Salt Bootstrap 脚本运行之前或之后运行自己的命令。如果你有一些工作需要由部署脚本在 Salt 启动之前运行完毕，那么定制部署脚本就变得很有必要。

定制部署脚本

早期的 Salt Cloud 主要的功能是创建计算实例，在实例上安装 Salt，并自动在 Master 上接受 Minion 的 key。这里边最复杂的就是目标实例运行的操作系统，脚本需要使用 os 参数进行指定。不久之后，由于 Salt Cloud 需要支持更复杂的场景，因此 os 参数被改名为 script。

在那个时候，自定义脚本需要直接添加到 Salt Cloud 源码树的 deploy/ 目录下。幸运的是，现在我们可以将这些脚本以更简单、更直观的方式存放在 /etc/salt/cloud.deploy. d/ 目录下。

在该目录下，脚本可以是 .sh 扩展名（非必需），表示该脚本一般是 Bourne shell 脚本，但这并不意味着脚本必须是 Bourne shell 脚本。如果没有指定扩展名且 Salt Cloud 没有找到对应的文件，那么 Salt Cloud 会自动加上 .sh 扩展名，然后再次查找是否存在。

部署脚本通常处理如下任务。

- 在 Minion 上自动放置已签名的 Key。
- 放置 Minion 配置文件。
- 为操作系统安装 Salt Minion 包。
- 启动 salt-minion 服务。

和 Salt 的大多数文件一样，该脚本文件也可以使用 Salt 的渲染器系统（Renderer system）。默认情况下，会使用 Jinja 模板系统，当然也可以指定使用其他渲染器。

部署脚本能够使用渲染器的目的是能够在 Minion 上放置 key 和其他文件。如果指定了 Provider 及 Profile 配置块中的其他配置变量，也会被合并。

下面是一个非常基础的用于在 Ubuntu 目标系统上安装 Salt 的脚本：

```
#!/bin/bash
# Install the minion's keys
mkdir -p /etc/salt/pki/minion
```

```
echo '{{ vm['priv_key'] }}' > /etc/salt/pki/minion/minion.pem
echo '{{ vm['pub_key'] }}' > /etc/salt/pki/minion/minion.pub
# Write the minion's configuration file
cat > /etc/salt/minion <<EOF
{{minion}}
EOF
# Set up Ubuntu repositories
echo deb http://ppa.launchpad.net/saltstack/salt/ubuntu `lsb_release -sc`
main | tee /etc/apt/sources.list.d/saltstack.list
wget -q -O- "http://keyserver.ubuntu.com:11371/pks/lookup?op=get&search=
0x4759FA960E27C0A6" | apt-key add -
apt-get update
# Install Salt
apt-get install -y -o DPkg::Options::=--force-confold salt-minion
# No need to start services on Ubuntu; it will be done by apt
```

你可以看到用于 Minion 私钥和公钥的模板变量，分别对应的是 {{ vm['priv_key'] }}
和 {{ vm['pub_key'] }}。你可以看到用于 Minion 配置文件的 {{ minion }} 变量。其
他的内容是按照需要进行添加的。

当然，在本节的这个脚本中，配置了 Ubuntu 仓库，会有一些笨重的感觉。在这里，我们也
可以直接使用 Salt Bootstrap 脚本。同时，key 和配置文件会由 Salt Cloud 手动上传到目标系
统上。除非一些特殊的原因，你可以直接跳过这些步骤，直接使用这个非常简单的脚本文
件，并且是多平台支持的。下边的这个脚本更短，也有更多的技巧：

```
#!/bin/sh
wget -O - https://bootstrap.saltstack.com | sudo sh -s -- "$@"
```

该脚本采用的是经典的一行安装器（one line installer）。它示范了如何通过一行命令安装 Salt，
甚至处理如配置仓库这样额外的工作。然而它也有一些需要注意的地方。

最需要注意的是这个安装源。你需要信任这个不受控制的源 URL，然后直接将内容通过管
道的方式运行 sh 命令。这个安全人员担心的安全问题应该想办法避免掉。还有由于 Salt
Cloud 只是上传指定的一组文件，基于 Bootstrap 脚本封装的定制脚本也没有多余的选择。
从技术上来讲，下面的这种下载和使用 Salt Bootstrap 脚本的方式则更为安全一些：

```
#!/bin/bash
wget -O bootstrap-salt.sh https://bootstrap.saltstack.com
sudo sh bootstrap-salt.sh "$@"
```

这种运行脚本的方式，和之前的并没有功能上的差异。从 Salt Bootstrap 脚本中获取一份副本并在其基础上进行自己的封装则更为安全一些。稍后我们会讨论该如何来完成封装。不过首先我们需要看一些其他的技巧：给脚本传递参数。

给脚本传递参数

正如之前看到的，Salt Bootstrap 脚本支持许多参数。它们中的一些也会由 Salt Cloud 自动添加上。但如果你想直接指定一些参数，尤其是让自己定制的脚本能够支持一些自己的参数。这样的需求变得尤为重要。

Salt Cloud 允许在 Salt Cloud 的配置文件中通过 `script_args` 参数来传递参数，这个参数可以应用在目标 Minion、Provider、Profile 等中。下边的这个 Profile 配置块并不仅只是安装 Salt，同时也会尝试安装 Apache Libcloud，以便目标 Minion 能够在基于 Libcloud 的 Provider 上运行 Salt Cloud：

```
gogrid-centos:
  provider: my-gogrid
  size: 512MB
  image: CentOS 6.2 (64-bit) w/ None
  script_args: -L
```

在本章之前的内容中，我们已经看到了一些参数，下面是能够使用的其他参数列表。

- `-v`：指定显示脚本版本。
- `-n`：不显示颜色。
- `-D`：代表显示 Debug 输出。
- `-k`：指定用于存放 Minion key 的临时目录。
- `-s`：指定用于等待守护进程启动、重启及需要检查的服务是否运行时的休眠时间（sleep time）。默认值是 ${__DEFAULT_SLEEP}。
- `-c`：只运行配置函数，该选项用于自动绕过任何安装。
- `-P`：允许进行基于 pip 的安装。在一些发行版中，需要使用的 Salt 包或 Salt 的依赖并不存在，此时需要使用该选项允许脚本使用 pip 来进行安装。

 该选项只能用于那些能够使用 pip 进行安装的函数。

- -F：允许复制的文件覆盖已经存在的文件（config、init.d 等）。

- -U：如果指定了该选项，则会在 bootstrapping Salt 之前进行系统的完整升级。

- -K：如果指定了该选项，则会保存临时目录中的临时文件。需要同时指定-c 或-k 参数。

- -I：如果指定了该选项，则允许在下载文件时使用非安全的连接。如给 wget 指定--no-check-certificate 参数或 curl 指定--insecure 参数。

- -A：指定 salt master 的域名或 IP 地址，并存储在 ${_SALT_ETC_DIR}/minion.d/99-master-address.conf 文件中。

- -i：指定 salt minion ID，并存储在 ${_SALT_ETC_DIR}/minion_id 文件中。

- -L：若可能则安装 Apache Libcloud 包（salt-cloud 依赖该软件包）。

- -p：指定在安装 Salt 依赖时需要安装的额外软件包。一个-p 选项只能指定一个软件包。需要提供合适的软件包名。

- -H：指定用于安装的 http 代理。

- -Z：指定用于安装最新的 ZeroMQ 的外部软件源（只对基于 RHEL/CentOS/Fedora 等的系统有效）。

使用文件映射

在构建自定义部署脚本一节中，我们看到了如何上传自定义版本的 Salt Bootstrap 脚本。事实上在执行部署脚本之前，你可以上传任意数量的脚本文件到 Minion。如果你只有一个命令，你可以通过使用 script_args 参数将脚本参数传递给命令。

但是如果你有大量的需要上传和执行的脚本，你需要创建一个 Master 脚本，用于执行它们。这个脚本可以通过脚本参数进行指定，而其他的文件则需要通过文件映射（file map）进行上传。

file_map 变量是一个字典（dictionary），能够添加用于 Minion 的任何相关的配置文件。字典中每一个键名（key）对应的是需要上传的本地的文件名字，值（value）则对应需要上传到的远端路径名。如下面这个 cloud Profile：

```
ec2-ubuntu:
  provider: my-ec2
  image: ami-83dee0ea
  size: t2.small
```

```
ssh_username: ubuntu
securitygroup: default
script: install.sh
file_map:
  /srv/salt/scripts/install1.sh: /tmp/install1.sh
  /srv/salt/scripts/install2.py: /tmp/install2.py
  /srv/salt/scripts/custompkg.deb: /tmp/custom-package.deb
```

该 Profile 会上传一个 shell 脚本、一个 Python 脚本，以及一个软件包文件到 Minion 的 /tmp/ 目录下。它并不一定按照顺序上传，但按顺序上传也是可以的。`install.sh` 脚本（会从运行 Salt Cloud 的系统的 `/etc/salt/cloud.deploy.d/` 目录下获取并上传到 Minion 上）会按照顺序执行它们。

 需要注意 `file_map` 中的最后一个文件，指定目标系统上与本地文件系统不一样的文件名，Salt Cloud 会在上传时进行重命名。

cloud 映射概览

之前我们只是在单个计算实例上讨论是如何工作的。但是 Salt Cloud 很早就已经支持 cloud 映射（cloud map）文件（并不是上一节讨论的 `file_map`）的特性。cloud 映射允许一次性指定一组主机，用于创建主机组。

当需要管理一个小型基础设施或大型基础设施中的一小部分时，该特性非常有用。该特性并不是只需要声明某些用于声明一些计算实例的 Profile，它也支持在这些 Profile 中进行追加和覆盖配置。

假设你有这样一个基础设施，其中包含了数据库服务器、Web 服务器及负载均衡器。每一种类型的服务器都有它们各自不同的需求，同时每种类型的服务器有多台。现在首先让我们来定义 provider：

```
my-ec2:
  id: FWEHKJ345FSDAFDE34DF
  key: 'fewhgreFRE/FSE+freg3r43FDSDS3334DSFdff4u'
  keyname: mycompany
  private_key: /root/mycompany.pem
  securitygroup: private
  location: us-east-1
```

```
    provider: ec2
    rename_on_destroy: True
    delvol_on_destroy: True
    owner: amazon
    minion:
      master: 10.0.0.150
```

接下来我们定义如下 profiles：

```
ec2-load-balancer:
  provider: my-ec2
  size: t2.micro
  image: ami-83dee0ea
  security_group: public
ec2-web:
  provider: my-ec2
  size: t2.small
  image: ami-83dee0ea
  security_group: public
ec2-database:
  provider: my-ec2
  size: m3.xlarge
  image: ami-83dee0ea
```

最后，我们定义一个使用每个 Profile 的 cloud 映射，见如下代码：

```
ec2-database:
  db001:
    grains:
      role: database
ec2-load-balancer:
  lb001:
    grains:
      role: load-balancer
      note: primary load-balancer
  lb002:
    grains:
      role: load-balancer
      note: secondary load-balancer
```

```
{% set webservers = ('web001', 'web002', 'web003') %}
{% for server in webservers %}
ec2-web:
  {{ server }}:
    grains:
      role: web
{% endfor %}
```

在该映射中，为了定义服务器名，使用了 3 种不同的技术。但只定义了一个数据库服务器：db001。它同时有一个自定义的 Grain 组，声明 role 为 database。定义了两个负载均衡器，名字分别为 lb001 和 lb002。它们都将 role grain 设置为 load-balancer，但它们都有各自唯一的 note grain。

最后一个 Profile：ec2-web，使用了 Jinja 模板定义了 3 个 Web 服务器。和其他文件一样，cloud 映射也支持使用 Salt 渲染器系统，更易于模板化。在该映射中，各个 Web 服务器并没有特殊的指定：它们是相同的。因此我们在 Jinja 中将它们的名字声明成一个元组（tuple），然后遍历元组获取每一个服务器名，用于创建最终映射文件。它们类似于如下代码：

```
ec2-database:
  db001:
    grains:
      role: database
ec2-load-balancer:
  lb001:
    grains:
      role: load-balancer
      note: primary load-balancer
  lb002:
    grains:
      role: load-balancer
      note: secondary load-balancer
ec2-web:
  web001:
    grains:
      role: web
ec2-web:
  web002:
    grains:
```

```
        role: web
  ec2-web:
    web003:
      grains:
        role: web
```

为了能够使用该映射，我们可以使用-m 或--map 命令行参数：

salt-cloud -m /etc/salt/cloud.maps.d/mymap.map

默认情况下，Salt Cloud 会按照顺序创建这些机器。如果想并行（parallel）创建它们，可以使用-P 或--parallel：

salt-cloud -P -m /etc/salt/cloud.maps.d/mymap.map

你可能已经注意到 cloud.maps.d/ 目录，这是 SaltStack 推荐的目录，用于存放其他 Salt Cloud 目录的命名映射。但是这并不是必需的，事实上，Salt Cloud 并不会查找该目录，除非直接指定了它。如果你没有指定映射文件的绝对路径，Salt Cloud 会在当前工作目录下进行查找。

构建自动伸缩的反应器

Salt Cloud 自身的功能就非常强大，它同时可以借助 Salt 自身的事件总线（event bus）变得更为强大。一些云供应商也会经常发送一些用于自动化系统的更新，就如 Salt 以及 Salt Cloud 所做的这样。但是它们又有些不同，Salt Cloud 能够从云供应商那里获取它需要的信息。

Cloud 缓存

Salt Cloud 实际上会保存两类缓存（cache），其中的一个是其他缓存的索引文件。它们都保存在 Salt 自身缓存目录下的 cloud/ 目录中。通常这个缓存目录对应的是/var/cache/salt/cloud。

如果你已经使用 Salt Cloud 创建了一个计算实例，那么缓存目录下就会存在一个名为 index.p 的文件。这个文件是 msgpack 格式的，包含由 Salt Cloud 创建的所有计算实例（不包含那些已经被 Salt Cloud 删除的计算实例）的列表。并没有配置变量能够关闭或打开这个功能，它是自动创建的。

如果你已经通过 msgpack 打开了这个文件，你会发现计算实例列表及对应的一些基本信息，就如下面的内容：

```
{
  "testinstance01": {
    "driver": "ec2",
    "id": "testinstance01",
    "profile": "centos65",
    "provider": "my-ec2"
  }
}
```

这些信息能够用于其他组件中，如用于 Cloud Roster，能够让 Salt SSH 快速获取到这个计算实例属于哪个 Provider，创建时用的是哪个 Profile。

同时，也可以通过扩展 Cloud 缓存，以使它包含更多的信息。扩展可能会导致在一些 Provider 中 Salt Cloud 执行缓慢，但是你会发现值得花费这个时间。可以通过在主 Cloud 配置文件中设置如下值来打开全功能的 Cloud 缓存：

```
update_cachedir: True
```

在这个选项开启后，当 Salt Cloud 在指定的云供应商处执行 --full-query 或执行 show_instance 指令来操作指定的计算实例时，会在该缓存目录下创建对应的计算实例的条目。

一旦这个缓存更新，在/var/cache/salt/cloud/目录下会有一些新的目录。首先，会有一个叫作 active/的目录。在这个目录中，会有之前已经请求过的的每个驱动的子目录（如 ec2、linode、softlayer 等）。在这些目录中，还有每个用户自定义的 Provider 配置块的子目录（如 my-ec2-config、my-linode-config、my-softlayer-config 等）。在这些目录下，还会有请求过该 Provider 的每个计算节点的以.p 作为扩展名的文件。类似于下面的目录结构：

```
/var/cache/salt/cloud/
├── active
│   ├── ec2
│   │   └── my-ec2
│   │           ├── autoscalemaster.p
│   │           └── basepi-master.p
```

```
|    ├── linode
|    |      └── my-linode
|    |                └── techhat-master.p
|    └── softlayer
|           └── my-softlayer
|                    ├── cro-master.p
|                    └── rallytime-master.p
└── index.p
```

每个文件的内容就是--full-query 或 show_instance 操作中为计算实例显示的输出内容。类似于下面的内容：

```
{
  "amiLaunchIndex": "0",
  "architecture": "x86_64",
  ...SNIP...
  "tagSet": {
    "item": {
      "key": "Name",
      "value": "techhat-master"
    }
  },
  "virtualizationType": "paravirtual"
}
```

当 Salt Cloud 被配置成如果发现一些内容产生了变化，需要发送事件（fire event）时，这些文件的内容就变得非常有用。我们可以在主 Cloud 配置文件中设置如下值来达到这样的目的：

```
diff_cache_events: True
```

这个选项开启后，Salt Cloud 会在执行--full-query 时发送事件。如果在之前的缓存中没有找到这个计算实例，会发送 tag 为 salt/cloud/<vm_name>/cache_node_new 的事件。如果之前的缓存中存在的计算实例已经不再存在，则会发送 tag 为 salt/cloud/<vm_name>/cache_node_missing 的事件。当然，如果计算实例的信息发生了改变（如现在是运行状态），则会发送 tag 为 salt/cloud/<vm_name>/cache_node_diff 的事件。

使用 Cloud 缓存事件

这些 Cloud 缓存事件能够用于联合（conjunction）自动伸缩系统（autoscaling system）。很多云供应商提供他们自己的自动伸缩套件，但当计算实例创建或销毁后并未给用户告警通知。一小部分云供应商的方案，让事情变得更戏剧性（dramatically）。

如果你当前使用的一些云供应商无法有效地发送告警，请不要失望，Salt Cloud 能够为你解决这个问题。设置一个日程（schedule），它可以定期地查询云供应商，如果发现一些变化，会发送事件（fire event）给你。

设置日程器

要在 Master 上使用 Salt 自己的日程器（scheduler），可以在 Master 配置文件中增加如下内容：

```
schedule:
  cloud_query:
    function: cloud.full_query
    minutes: 10
```

当 Master 配置应用成功时，Salt Cloud 会每 10 分钟处理一个完整的请求（full query），更新缓存。

需要留意这个时间间隔值，它每次运行都会直接查询云供应商。如果你使用的云供应商对 API 请求有限制，可能会在你请求过多时，阻止一些请求。

也可以使用专门的 Minion 来处理云请求（cloud query）。一些基础设施的管理者会通过这种方式卸掉 Master 的负载。如果你觉得这种方式符合你的需求，可以在指定的 Minion 上安装必要的 Salt Cloud 配置文件，并在 Minion 的配置文件上设置 schedule，和 Master 设置的方式一样：

```
schedule:
  cloud_query:
    function: cloud.full_query
    minutes: 10
```

在 Minion 端完成这个工作，不需要再安装 Salt Cloud 包。这是因为 Salt Cloud 本身内置于 Salt 的核心类库中，Salt Cloud 包只是提供了如 salt-cloud 这样的命令。由于 Salt 核心包中已经有了 cloud 执行模块（Master 端 cloud runner 模块的镜像），因此并不需要 salt-cloud 命令存在才能使用 Salt Cloud。但是依然需要先安装对应的云供应商的依赖（如 Libcloud、Azure 等）。

当然，如果在基础设施中使用 cron 系统来代替 Salt 内置的日程器（scheduler），依然可以使用事件（event）。不过此时需要 salt-cloud 命令，然后在 crontab 中设置如下内容：

```
*/10 * * * * /usr/bin/salt-cloud --full-query
```

这样依然可以每 10 分钟处理一次--full-query，不过将基于时钟时间，而不是 salt-master 或 salt-minion 服务启动后的时间。

捕捉 Cloud 缓存事件

一旦你配置好，如果 Cloud 缓存发生变化就发送事件，这时你可以建立一个反应器（Reactor）来响应这些事件。我们在讨论如何建立这个反应器前，先看看工作流。

当 Salt Cloud 使用--profile 或--map 参数来请求创建计算实例后，Salt Cloud 会进行如下操作。

- 请求对应的云供应商创建一个计算实例。
- 等待计算实例可用后的 IP 地址。
- 等待该 IP 地址上的 SSH/SMB 服务可用。
- 向该 IP 地址上传文件。
- 执行部署脚本或 Windows 安装器。
- 清除临时文件。
- 返回给用户。

有些云供应商可能进行的操作要比这个多，但是每个供应商都需要至少进行这些步骤。

当 Salt Cloud 发现了一个新的 Minion 产生，我们就知道这些步骤的第一步（请求创建一个计算实例）已经处理完成。我们并不需要知道其他的步骤是否已经处理完成。每一步完成后都会自然地进行下一步的操作。当我们需要 Salt Cloud 跳过第一步开始处理第二步时，我们需要提供计算实例的 ID。

 需要注意的是，当前并不是所有的云供应商都支持跳过第一步。在 Salt 2015.5 版本中，EC2 和基于 OpenStack 的驱动都支持这个功能。

当 Salt Cloud 发现一个新的计算实例后，它会发送一个事件，包含使用 show_instance 方法的节点显示该实例的所有信息：

```
Tag: salt/cloud/mynewinstance/cache_node_new
Data:
{'_stamp': '2015-05-03T18:34:40.267845',
 'event': 'new node found',
 'new_data': {'amiLaunchIndex': '0',
              'architecture': 'x86_64',
              'id': 'i-deadcafe',
              'instanceId': 'i-deadcafe',
...SNIP...
              'tagSet': {'item': {'key': 'Name', 'value':
'mynewinstance'}},
              'virtualizationType': 'paravirtual'}}
```

这里边最重要的信息是 id 字段。我们假设这个计算实例的 ID 也是我们需要的 Minion 的名字（当计算实例由自动伸缩器创建时，这个假设是成立的）。为了简要说明，我们这里也同时假设当前只有一个 Provider。

首先，我们先在 Master 配置文件中创建一个反应器映射：

```
reactor:
  - salt/cloud/*/cache_node_new:
    - /srv/reactor/new_compute_instance.sls
```

然后我们通过 Jinja 来创建一个简单的反应器处理 Salt Cloud 进程：

cat /srv/reactor/new_compute_instance.sls

```
new_compute_instance:
  runner.cloud.create:
    instances: {{ data['new_data']['id'] }}
    instance_id: {{ data['new_data']['id'] }}
    provider: my-ec2
```

在这里 Profile 配置并不是必需的，因为此时计算实例已经创建完成了。但是 Provider 配置依然需要指定，以便 Salt Cloud 能够知道如何访问计算实例及其元数据信息。

当 Salt Cloud 侦测到计算实例已经消失时，Provider 这个信息也不是必需的。Salt Cloud 自身并不需要做任何事情，包括销毁这个节点，因为它已经销毁了。但是此时该 Minion 旧的公钥已经在 Master 上，需要进行清理。接下来新增一个反应器。Salt Cloud 侦测到计算实例已经消失时，会产生如下类似的事件：

```
Tag: salt/cloud/mymissinginstance/cache_node_missing
Data:
{'_stamp': '2015-05-03T18:57:03.931963',
 'event': 'cached node missing from provider',
 'missing node': 'mymissinginstance'}
```

首先让我们在 Master 配置中添加对应的映射：

```
reactor:
  - salt/cloud/*/cache_node_missing:
    - /srv/reactor/missing_compute_instance.sls
```

接下来我们建立一个反应器，使用 wheel 子系统从 Master 清除这个 Minion 的公钥：

cat /srv/reactor/missing_compute_instance.sls

```
missing_compute_instance:
  wheel.key.delete:
    - match: {{ data['missing_node'] }}
```

现在，当 Salt Cloud 侦测到节点消失时，会自动清理掉它的公钥。

总结

在经验丰富的用户手中，Salt Cloud 是非常强大的工具。从一个非常简单的创建虚拟机的工具成长成为很多复杂需求生产架构中的重要组件。

Salt Cloud 配置非常简单，但也可以根据需要灵活地进行复杂配置。Salt Bootstrap 脚本也非常给力，但目前还是不能满足所有需求（one-size-fits-all）的解决方案。幸运的是，如果有其他的解决方案能够很好地满足我们的需求，我们可以轻松地替换掉它。

cloud 映射对于管理架构是非常有用的，并且可以将它们带入到 Salt 反应器系统中。当然，如果你需要使用第三方系统来管理云时，它也可能通过自动伸缩的反应器来满足需求。

在第 6 章，我们将会了解 Salt 如何使用 REST 接口来作为客户端（client）和服务器端（server）。

第6章

使用 Salt REST

我们之前讨论了使用 Salt 不仅仅能够在内部管理基础设施，也可以使用 Salt Cloud 来管理不断增长的基础设施。但当你需要在外部管理基础设施时，或者说你想让基础设施利用外部系统（external system），该如何来处理？在本章中，我们将详细探讨作为客户端（client）或服务器端（server）如何使用 Salt REST 接口。我们将会讨论如下主题。

- 利用 Salt HTTP 类库。
- 建立 Salt API。
- 作为客户端和服务器端如何进行通信。
- 解析数据（parsing data）。

Salt HTTP 类库

Salt 内部有越来越多的子系统都被设计用于外部 API。之前，它们大多数是由 Salt Cloud 驱动，而且大部分使用的是 Apache 项目的 Libcloud 类库或者云供应商维护的 SDK。

但是最近的发布版本，这个设计发生了变化。Salt 现在拥有了一个 HTTP 类库，设计目标是为模块创建一个通用的 HTTP 客户端，用户可以直接使用它。这个类库目前已经被一些云供应商使用，可以为它们的用户提供一个 REST 接口服务。

为什么是 Salt 特定的类库

为什么不直接使用 SDK 而使用 Salt 特定的类库？最大的原因是可移植性。例如 PagerDuty 这个强大的管理事故告警的服务。在最初的 Salt 模块中使用的是 PagerDuty 的社区驱动（community driver）。该驱动的功能有限，但能够使 Salt 根据需要去创建告警。

但在实际使用中，却碰到一些问题，如 Minion 想在 PagerDuty 中创建一个告警，它们需要先安装这个社区驱动包。这意味着架构中的每个 Minion 上都需要维护一些软件包，如果集群中有上千个节点，那么维护成本将非常高。

因此 Salt 取消了这个社区驱动，建立了一整组可以直接使用 PagerDuty REST API 的 Salt 模块。现在所有已经安装 Salt 的服务器都可以自动访问 PagerDuty 去创建告警。

这就是为什么 Salt 中的很多模块并不使用 SDK 而是直接使用 REST API 的原因。但是为什么在有很多已经存在且可以很好访问 HTTP 的类库的情况下，还去提供一个呢？

首要的原因是这些类库虽然非常易于使用，但它们并不是为 Salt 工具集专门设计的。Salt 提供模板（templating）、事件总线（event bus）、反应器（Reactor）及其他非常强劲的子系统。Salt 的 HTTP 类库需要支持这些组件，以保持 Salt 自身的机制（mannerism）。

那么底层使用哪个类库呢？在 Python 中有很多优秀的 HTTP 类库，它们都有各自的优点（pros）和缺点（cons）。requests 类库最为简单和流行，甚至上游的 Python 文档都推荐它来替换内置的 urllib 和 urllib2。但由于打包的问题，requests 不能成为 Salt 的重度依赖包。

但是 Salt 在内部使用的事件总线（event bus）重度依赖 Tornado 这个 Web 类库。同时 Tornado 主要被设计用于一个 Web 服务器，它也同时提供内置的 HTTP 客户端。

Salt HTTP 类库支持使用这 3 个类库：tornado（默认）、requests 和 urllib2。为了设置全局使用，可以在 Master 或 Minion 配置中设置 backend 参数：

```
backend: tornado
backend: requests
backend: httplib
```

你也可以在每次执行时声明（declare）本次使用的 backend。接下来让我们看看如何使用这个客户端。

使用 http.query 方法

Salt 的 HTTP 客户端在 Salt 中广泛使用。可以在 Master 端作为 runner 使用，也可以在 Minion 上作为执行模块使用。下面是这两种类型模块的使用方法：

```
# salt myminion http.query https://www.google.com/
# salt-run http.query https://www.google.com/
```

这两种用法的参数一样，接下来我们就来看看 runner 的这个例子。

默认情况下，这些方法并不会返回任何内容，如果想让它们返回数据，你需要告诉该方法返回哪些内容。例如，我们想让它返回一个字典，其中包含 HTTP 状态码（status code）、header 以及 body 的内容：

```
# salt-run http.query https://www.google.com/ text=True status=True
headers=True
    headers:
        ----------
        Accept-Ranges:
            none
        Alternate-Protocol:
            443:quic,p=1
        Cache-Control:
            private, max-age=0
        Connection:
            close
        Content-Type:
            text/html; charset=ISO-8859-1
        Date:
            Mon, 04 May 2015 08:24:59 GMT
        Expires:
            -1
        Server:
            gws
        Vary:
            Accept-Encoding
    status:
        200
```

```
text:
    <!doctype html>...SNIP...
```

为了简单明了，本章的例子中并不会包含这些参数，除非在问题中明确说明需要这些参数。

如有需要，也可以使用 cookie jar。可以通过设置 cookies 选项为 True 来开启它：

```
# salt-run http.query https://www.google.com/ cookies=True
```

默认情况下，cookie jar 会保存在 Salt 缓存目录下的 cookies.txt 文件中。通常是/var/cache/salt/cookies.txt。默认以 **LWP (lib-www-perl)** 格式进行保存，是一个基于文本的文件。如果想更改 cookie jar 的存储路径以及保存使用 Mozilla cookies 格式（旧格式），可以使用 cookie_jar 及 cookie_format 参数：

```
# salt-run http.query https://www.google.com/ cookie_jar=
'/path/to/cookie_jar.txt' cookie_format='mozilla'
```

GET 与 POST

默认情况下，http.query 发起的请求使用 GET 方法。GET 参数可以手动添加到 URL 中，或者使用 params 参数。下面是这两种参数方法完成同一个功能：

```
# salt-run http.query http://mydomain.com/?user=larry
# salt-run http.query http://mydomain.com/ params='{"user": "larry"}'
```

也可以使用其他有效的 HTTP 方法。POST 就是仅次于 GET 的最常用的方法，其他的如 PUT、PATCH 等方法也支持：

```
# salt-run http.query http://mydomain.com/ POST data='{}'
```

如果 POST 的数据存放在文件中，那么可以通过 data_file 进行指定：

```
# salt-run http.query http://mydomain.com/ POST data_file=/tmp/post.txt
```

从这里开始我们将看到 Salt HTTP 客户端和其他客户端有哪些不同。如果使用了 POST data_file，它可以使用任何渲染引擎进行模板化操作。

如有些老的 Web API 基于 XML，和 JSON 这个无须借助特征工具就可以轻松产生 JSON 串不同，XML 通常需要使用模板，将数据合并进去。Salt HTTP 客户端就可以轻松地完成这样的工作。看下边这个模板例子：

```
    <?xml version="1.0" encoding="utf-8"?>
    <soap:Envelope xmlns:soap="http://schemas.xmlsoap.org/soap/envelope/"
```

```
    xmlns:xsi="http://www.w3.org/2001/XMLSchema-instance"
    xmlns:xsd="http://www.w3.org/2001/XMLSchema"
    xmlns:xmime="http://www.w3.org/2005/05/xmlmime"
    xmlns:ns="http://schemas.hp.com/SM/7"
    xmlns:cmn="http://schemas.hp.com/SM/7/Common">
      <soap:Body>
        <ns:DeleteHostRequest>
          <ns:model>
            <ns:keys>
              <ns:VMName type="">{{ minion_id }}</ns:VMName>
            </ns:keys>
            <ns:instance/>
          </ns:model>
        </ns:DeleteHostRequest>
      </soap:Body>
    </soap:Envelope>
```

是不是看起来非常恐怖？实际上相对于其他 XML 请求来说，这只是一个非常小的请求，它
只需要更改下 VMName 这个信息，这里使用了 Jinja 的模板变量 minion_id。为了使用这
个文件处理请求，需要将 web099 minion_id 插入：

```
# salt-run http.query http://mydomain.com/ POST data_file=/srv/xml/
delete.xml data_render=True template_dict='{"minion_id": "web099"}
```

这里有两个重要的参数，第一个是 data_render，必须设置为 True 以使用渲染器。另
一个是 template_dict，包含需要合并进模板的变量。默认的渲染器是 Jinja，也可以通
过 data_renderer 参数指定其他的渲染器。

能够使用 Salt 渲染器系统（Renderer system）的并不只有 POST 数据。若需要，包头数据
（Header data）也可以使用类似于字典、列表或者文件的方式进行渲染。如想发送一个包头
数据字典，可以使用 header_dict 参数：

```
# salt-run http.query http://example.com/ header_dict='{"Content-Type":
"application/json"}
```

如果想发送 header 的列表（需要确保已经进行了格式化），使用 header_list 参数：

```
# salt-run http.query http://example.com/ header_list='["Content-Type:
application/json"]'
```

也可以使用文件来包含这些包头（再次说明，需要确保已经进行了格式化），使用 header_file 参数：

```
# cat /srv/headers/headers.txt
Content-Type: application/json
# salt-run http.query http://example.com/ header_file=/srv/headers/
headers.txt
```

如果 header_file 要进行模板渲染，需要设置 header_render 为 True，和之前一样，需要使用 template_dict 参数来传递模板变量值进去：

```
# cat /srv/headers/headers.txt
Content-Type: {{ content_type }}
# salt-run http.query http://example.com/ header_file=/srv/headers/
headers.txt header_render=True template_dict='{"content_type":
"application/json"}'
```

和 POST 数据模板类似，可以设置 header_renderer 参数来为包头指定其他的渲染器。

解码返回数据

Salt HTTP 客户端另一个重要的能力是能够自动解码接收到的返回数据。如果将 decode 参数设置为 True，Salt 会尝试自动侦测返回的数据是 XML 还是 JSON，除非你使用 decode_type 参数明确定制是 xml 还是 json。

```
# salt-run http.query https://api.github.com/ decode=True decode_type=
json
    dict:
        ----------
        authorizations_url:
            https://api.github.com/authorizations
        code_search_url:
            https://api.github.com/search/code?q={query}{&page,per_page,
sort,order}
        current_user_authorizations_html_url:
            https://github.com/settings/connections/applications{
/client_id}
        current_user_repositories_url:
            https://api.github.com/user/repos{?type,page,per_page,sort}
```

```
    current_user_url:
        https://api.github.com/user
    emails_url:
        https://api.github.com/user/emails
    emojis_url:
        https://api.github.com/emojis
...SNIP…
```

 需要注意的是，当 decode 设置为 True 时，返回的数据会在 dict 字段中，而不是当 text 为 True 时的 text 字段。

你也许已经注意到，JSON 格式非常适合解码成一个字典。而 XML 格式就不太适合解码成字典。Salt 做到了极致，但 XML 属性（attribute）依然没有解码。如果你不想把 XML 解析成这样，最好的方法是将 decode 设置为 False，使用更适合 XML 的程序去解码它（如直接使用 Python）。

现在我们已经对 Salt HTTP 客户端有了基本的了解，并已经看到了一些基于 Salt 的高级特性。现在让我们看一下在 State 文件中如何使用这个方法。

使用 http.query State

http.query State 和其他大部分 State 有很大的区别，在 Minion 上运行这个 State 时并不需要进行实际的变更，但它能为 State 运行提供帮助。webhook 可以被调用用来做一些如报告 State 运行失败或者提供状态更新等的操作。

下面，让我们来看一个 SLS 例子：

```
code_tree:
  file.recurse:
    - name: /srv/web/code
    - source: salt://code/
    - onfail_in:
      - http: alert_admins

alert_admins:
  http.query:
    - name: http://alerts.example.com/?type=code_deploy_fail
```

这个 SLS 会尝试递归复制目录到 Minion 上。如果执行失败，则会调用一个 URL 给告警服务，报告有一个错误产生。

当然，在单个 SLS 文件中，可以多次调用 http.query。例如，我们为每个 State 按照需要触发特定的 webhook：

```
code_tree:
  file.recurse:
    - name: /srv/web/code
    - source: salt://code/
    - onfail_in:
      - http: alert_admins_code

alert_admins_code:
  http.query:
    - name: http://alerts.example.com/?type=code_deploy_fail

web_service:
  service.running:
    - name: nginx
    - require:
      - file: code_tree
    - onfail_in:
      - http: alert_admins_web

alert_admins_web:
  http.query:
    - name: http://alerts.example.com/?type=web_restart_fail
```

或者我们可以只是通过 webhook 报告调用每个 State 时的状态：

```
code_tree:
  file.recurse:
    - name: /srv/web/code
    - source: salt://code/

alert_admins_code:
  http.query:
    - name: http://alerts.example.com/?type=code_deploy_finished
```

```
    - require:
      - file: code_tree

  web_service:
    service.running:
      - name: nginx
      - require:
        - file: code_tree

  alert_admins_web:
    http.query
      - name: http://alerts.example.com/?type=web_restart_finished
      - require:
        - service: web_service
```

这个 SLS 看起来做了很多的工作，Salt 在每个 State 完成后都能通过一些内建的方法发送更新。

在反应器中使用 http.query

你也许想起在第 4 章看到在反应器（Reactor）中使用了 http.query。每次 State 完成时，都会发送一个包含结果的事件给 Master。相对于使用 http.query State，在 State 返回数据中应用 http.query 更有优势。

现在让我们在 Master 端运行事件监听器（在第 4 章中有详细描述），然后执行如下命令：

```
# salt myminion state.single file.touch /root/somedir
  local:
  ----------
          ID: /root/somedir
    Function: file.touch
      Result: True
     Comment: Created empty file /root/somedir
     Started: 02:55:59.237320
    Duration: 0.881 ms
     Changes:
              ----------
```

```
                new:
                        /root/somedir
    Summary
    ------------
    Succeeded: 1 (changed=1)
    Failed:    0
    ------------
    Total states run:      1
```

salt myminion state.single file.directory /root/somedir

```
    local:
    ----------
              ID: /root/somedir
        Function: file.directory
          Result: False
         Comment: Specified location /root/somedir exists and is a file
         Started: 02:56:09.708133
        Duration: 0.787 ms
         Changes:
    Summary
    ------------
    Succeeded: 0
    Failed:    1
    ------------
    Total states run:      1
```

salt myminion state.single file.absent /root/somedir

```
    local:
    ----------
              ID: /root/somedir
        Function: file.absent
          Result: True
         Comment: Removed file /root/somedir
         Started: 02:56:47.408437
        Duration: 0.837 ms
         Changes:
                    ----------
```

```
                    removed:
                            /root/somedir
    Summary
    ------------
    Succeeded: 1 (changed=1)
    Failed:     0
    ------------
    Total states run:       1
```

 # salt myminion state.single file.directory /root/somedir

```
    local:
    ----------
              ID: /root/somedir
        Function: file.directory
          Result: True
         Comment: Directory /root/somedir updated
         Started: 02:56:59.564577
        Duration: 22.386 ms
         Changes:
                    ----------
                    /root/somedir:
                        New Dir
    Summary
    ------------
    Succeeded: 1 (changed=1)
    Failed:     0
    ------------
    Total states run:       1
```

由于这些 State 中有一个故意制造的错误，你会看到有 3 个成功（successes）的、1 个失败（failure）的。在事件监听器中，你会看到类似于如下的输出：

```
    Event fired at Sun May 10 02:55:59 2015
    *************************
    Tag: salt/job/20150510025559240942/ret/myminion
    Data:
    {'_stamp': '2015-05-10T08:55:59.241475',
     'arg': ['file.touch', '/root/somedir'],
```

'cmd': '_return',
'fun': 'state.single',
'fun_args': ['file.touch', '/root/somedir'],
'id': 'myminion',
'jid': '20150510025559240942',
'out': 'highstate',
'retcode': 0,
'return': {'file_|-/root/somedir_|-/root/somedir_|-touch':
                    {'__run_num__': 0,
                     'changes': {'new': '/root/somedir'},
                     'comment': 'Created empty file /root/somedir',
                     'duration': 0.881,
                     'name': '/root/somedir',
                     'result': True,
                     'start_time': '02:55:59.237320'}},
'tgt': 'myminion',
'tgt_type': 'glob'}
Event fired at Sun May 10 02:56:09 2015
****
Tag: salt/job/20150510025609711804/ret/myminion
Data:
{'_stamp': '2015-05-10T08:56:09.712309',
'arg': ['file.directory', '/root/somedir'],
'cmd': '_return',
'fun': 'state.single',
'fun_args': ['file.directory', '/root/somedir'],
'id': 'myminion',
'jid': '20150510025609711804',
'out': 'highstate',
'retcode': 2,
'return': {'file_|-/root/somedir_|-/root/somedir_|-directory':
                    {'__run_num__': 0,
                     'changes': {},
                     'comment': 'Specified location /root/somedir exists
and is a file',
                     'duration': 0.787,
                     'name': '/root/somedir',

                    'result': False,
                    'start_time': '02:56:09.708133'}},
  'tgt': 'myminion',
  'tgt_type': 'glob'}
Event fired at Sun May 10 02:56:47 2015
****
Tag: salt/job/20150510025647412099/ret/myminion
Data:
{'_stamp': '2015-05-10T08:56:47.429361',
 'arg': ['file.absent', '/root/somedir'],
 'cmd': '_return',
 'fun': 'state.single',
 'fun_args': ['file.absent', '/root/somedir'],
 'id': 'myminion',
 'jid': '20150510025647412099',
 'out': 'highstate',
 'retcode': 0,
 'return': {'file_|-/root/somedir_|-/root/somedir_|-absent':
                  {'__run_num__': 0,
                   'changes': {'removed': '/root/somedir'},
                   'comment': 'Removed file /root/somedir',
                   'duration': 0.837,
                   'name': '/root/somedir',
                   'result': True,
                   'start_time': 02:56:47.408437'}},
  'tgt': 'myminion',
  'tgt_type': 'glob'}
Event fired at Sun May 10 02:56:59 2015
****
Tag: salt/job/20150510025659589886/ret/myminion
Data:
{'_stamp': '2015-05-10T08:56:59.590486',
 'arg': ['file.directory', '/root/somedir'],
 'cmd': '_return',
 'fun': 'state.single',
 'fun_args': ['file.directory', '/root/somedir'],
 'id': 'myminion',

```
'jid': '20150510025659589886',
'out': 'highstate',
'retcode': 0,
'return': {'file_|-/root/somedir_|-/root/somedir_|-directory':
                {'__run_num__': 0,
                 'changes': {'/root/somedir': 'New Dir'},
                 'comment': 'Directory /root/somedir updated',
                 'duration': 22.386,
                 'name': '/root/somedir',
                 'result': True,
                 'start_time': '02:56:59.564577'}},
'tgt': 'myminion',
'tgt_type': 'glob'}
```

你看到的这些来自于事件总线（event bus）的信息，我们将在反应器（Reactor）中使用。让我们继续建立一个每次运行 State 都会发送结果给 webhook 的反应器。由于我们对返回数据有兴趣，所以我们先在 Master 配置文件中增加对应的映射。首先我们编辑 Master 配置文件，添加如下映射：

```
reactor:
  - 'salt/job/*/ret/*'
    - /srv/reactor/state_notify.sls
```

它会捕捉来自于任何 Minion（第 2 个 *）的任何任务（第 1 个 *）。现在我们建立这个反应器：

 # cat /srv/reactor/state_notify.sls

```
#!jinja|json
{% if data['fun'].startswith('state.') %}
{"react_to_state":
  {"runner.http.query":
    [
      {
        "url": "http://alerts.example.com/",
        "method": "POST",
        "data": "{{ data }}"
      }
    ]
  }
```

```
}
{% endif %}
```

在这里我们需要非常小心，因为这个反应器会分析事件总线上任何任务的返回数据。尤其当如果我们调用的执行模块会创建另外一个返回事件的情况时，这样的反应器是非常危险的[1]。因此我们需要改造这个反应器，让它只处理 State 方法（如 state.highstate、state.top 及 state.sls 等）。

我们先来看看这个反应器，实际上它非常简单：调用 http.query runner 以 POST 方法去请求 http://alerts.example.com/ URL，返回的数据内容作为对应的 POST 数据。

需要注意的是，在这里我们使用了 JSON 而并非 YAML，这是因为返回的数据可能包含一些无法被 YAML 翻译的字符串。JSON 是更为严格的序列化方法，很少会导致语法错误产生。

但是我们刚才说，我们只对当出现错误时能发送告警感兴趣。因此让我们在反应器 SLS 中增加一些条件判断：

cat /srv/reactor/state_notify.sls

```
#!jinja|json
{% if data['fun'].startswith('state.') %}
{% set return_key = data['return'].keys()[0] %}
{% set result = data['return'][return_key]['result'] %}
{% if result == False %}
{"react_to_state":
  {"runner.http.query":
    [
      {
        "url": "http://alerts.example.com/isfalse",
        "method": "POST",
        "data": "{{ data }}"
      }
    ]
  }
}
{% endif %}
{% endif %}
```

---

[1]这样会产生一个死循环。——译者注

让我们来检查下这个 State，因为我们不想发生任何错误。实际上我们已经在做这样的事情。首先，我们先找出这个 State 的返回值。你可能还记得返回结果字典中有一个类似于下面的 key：

```
file_|-/root/somedir_|-/root/somedir_|-directory
```

接下来有很多难以执行的自动侦测功能，在我们的例子中，并不关心太多的内容。但 Jinja 依然需要知道这个 key 是什么，以便能够访问返回字典（return dictionary）中的结果。因为我们首先将它赋值给 return_key。然后我们将使用它来访问这个字典剩余的部分。

一旦我们拿到了结果，我们会检查结果的真假（truthiness）。Python 程序员需要注意：Jinja 在处理检查时，甚至是 boolean 检查，使用的是 == 而不是 is。

理解 Salt API

我们刚刚学习了在 Salt 中如何发送请求，很多用户会说如何接收请求更为重要。那么接下来我们就来学习下 Salt API。

Salt API 是什么

很简单，Salt API 是基于 Salt 封装的 REST 接口。这么说并不完整。salt 命令对于 Salt 来说只是一个命令行接口。实际上，Salt 的其他命令（如 salt-call、salt-cloud 等）只是在命令行上访问 Salt 的各个部分而已。

Salt API 提供了通过另外一个接口访问 Salt 的方式：HTTP（也可能是 HTTPS）。由于 Web 协议的普遍性，Salt API 允许用任何语言编写的软件能够与 Web 服务器进行交互来使用它。

部署 Salt API

本书假设你已经安装了 Salt，并且 Master 和 Minion 服务已经运行起来，接下来我们就来看看如何部署 Salt API。

作为一个 REST 接口，Salt API 扮演一个在 Salt 之上运行的 Web 服务。但它自身并不提供服务接口，它使用其他 Web 框架来提供 Web 服务，它更像是一个 Web 服务和 Salt 之间的中间人。目前 Salt API 支持的 Web 模块如下。

- CherryPy

- Tornado

- WSGI

这些模块在 Master 配置文件中进行配置。每一个模块都有各自的配置参数且可能之间存在依赖。接下来我们就分别来了解一下。

CherryPy

CherryPy 是一个非常抽象的 Web 框架，设计非常 Pythonic 化。由于它的 Web 代码和其他 Python 代码写在一起，因此对代码结果来说它非常小，并且易于快速开发。它拥有丰富的代码基础以及一定数量的用户。它也是事实上的 Salt API 默认模块。

该模块需要安装 **CherryPy** 包（通常包名为 python-cherrypy）。

部署基本的 CherryPy 并不需要太多的配置，通常我们会有如下配置：

```
rest_cherrypy:
  port: 8080
  ssl_crt: /etc/pki/tls/certs/localhost.crt
  ssl_key: /etc/pki/tls/certs/localhost.key
```

我们稍后会讨论如何创建证书，我们先来看一下常用的配置项。CherryPy 模块有一些配置参数，但我们常用的配置项有如下这些。

- port：必须指定。用于指定 Salt API 监听的端口。

- host：通常 Salt API 监听所有可用的接口（0.0.0.0）。如果环境中需要指定 Salt API 服务只监听一个接口，可以在这里指定它监听的 IP 地址（如 10.0.0.1）。

- ssl_crt：指定 SSL 证书路径。我们将在稍后学习。

- ssl_key：指定 SSL 证书的私钥。我们将在稍后学习。

- debug：如果是第一次部署 Salt API，将该选项置为 True 会非常有用。如果你已经运行了一段时间，建议移除该选项或将它置为 False。

- disable_ssl：强烈推荐使用默认值 False。即使使用自签名的证书也好过将它设置为 True。因为一时苟安绝非长久之计（nothing is as permanent as temporary），至少自签名的证书会每次都提醒你应该使用真实的证书。不要因为只是学习而掉以轻心。

- root_prefix：通常情况下，Salt API 会从根路径（root path）开始提供服务（如 https://saltapi.example.com/），如果你在运行 Salt API 的主机上同

时运行多个应用，或者你想手工指定，你可以修改本参数。默认是/，你可以将它设置为/exampleapi，那么对应例子的 REST 服务接口就将是 https://saltapi.example.com/exampleapi。

- webhook_url：如果你在使用 webhook，则需要指定入口。默认是/hook，对应我们例子的地址是 https://saltapi.example.com/hook。

- webhook_disable_auth：通常情况下，Salt API 需要认证（authentication），但认证对于那些需要通过 webhook 方式调用 Salt API 的第三方应用来说并不现实。设置该选项允许使用 webhook 时不进行认证。我们将在稍后对该内容进行详细讨论。

Tornado

Tornado 是由 Fackbook 开发的一款相对新一些的 Web 框架。对于 Salt 来说它也是个新面孔，但它很快变成了 Salt 自己内部的 Web 框架选项。事实上，它在 Salt 内部使用得越来越多，已经成为 Salt 内部的一个重度依赖模块。在最新的 Salt 安装中变成了默认安装包。

Tornado 在 Salt API 中并没有像 CherryPy 那样拥有众多的配置选项。目前支持的选项如下。

- port
- ssl_crt
- ssl_key
- debug
- disable_ssl

当前 Tornado 模块并不能像 CherryPy 模块那样支持如此丰富的功能。但需要注意的是，Tornado 模块非常有可能会成为 Salt API 默认的模块。

WSGI

WSGI（Web Server Gateway Interface）在 PEP 333 中成为 Python 的标准。由 Python 自身直接支持，并不需要额外的依赖，但该模块目前比较基础，只支持如下一个选项。

- port

但是，该模块对于在任何 WSGI 兼容的 Web 服务（如 Apache 搭载 mod_wsgi 或者 Nginx 使用 FastCGI）下运行 Salt API 非常有用。由于该模块不提供任何基于 SSL 的安全功能，因此推荐在第三方 Web 服务中进行必要的 SSL 设置。

创建 SSL 证书

在运行 Salt API 时，强烈推荐使用 SSL 证书（certificate），即使只计划在本地安全的网络中运行。你也许知道证书需要由**证书授权机构（Certificate Authority，CA）**进行签发。当你需要时，CA 会引导你如何使用它们的系统创建证书。在这里，我们将学习如何使用自签名（self-signed）的证书。

在网络中有很多关于如何创建自签名的证书教程，但找到一个容易理解的教程有点困难。在这里，我们将通过下面的步骤来学习如何在 Linux 系统上创建 SSL 证书以及使用它。

首先，我们需要产生私钥。不需要担心密码问题，现在先输入一个，稍后我们会取消这个密码。

```
# openssl genrsa -des3 -out server.key 2048

    Generating RSA private key, 2048 bit long modulus
    ................+++++
    .........................................+++++
    e is 65537 (0x10001)
    Enter pass phrase for server.key:
    Verifying - Enter pass phrase for server.key:
```

创建完私钥后，接下来需要创建一个证书签名请求（Certificate Signing Request，CSR）。它会询问 CA 签发证书时关注的几个重要问题。在内部网络中，这些相对来说重要性就会低一些。

```
# openssl req -new -key server.key -out server.csr
    Enter pass phrase for server.key:
    You are about to be asked to enter information that will be
    incorporated into your certificate request.
    What you are about to enter is what is called a Distinguished Name or
    a DN.
    There are quite a few fields but you can leave some blank
    For some fields there will be a default value,
    If you enter '.', the field will be left blank.
    -----
    Country Name (2 letter code) [AU]:US
    State or Province Name (full name) [Some-State]:Utah
    Locality Name (eg, city) []:Salt Lake City
```

```
Organization Name (eg, company) [Internet Widgits Pty Ltd]:My Company,
LLC
Organizational Unit Name (eg, section) []:
Common Name (e.g. server FQDN or YOUR name) []:
Email Address []:me@example.com
Please enter the following 'extra' attributes
to be sent with your certificate request
A challenge password []:
An optional company name []:
```

接下来，我们将取消之前私钥中使用的密码。

 # cp server.key server.key.org

 # openssl rsa -in server.key.org -out server.key

```
Enter pass phrase for server.key.org:
writing RSA fkey
```

最后，我们创建自签名的证书。

 # openssl x509 -req -days 365 -in server.csr -signkey server.key -out
server.crt

```
Signature ok
subject=/C=US/ST=Utah/L=Salt Lake
City/O=My Company, LLC/emailAddress=me@example.com
Getting Private key
```

至此，我们有了如下4个文件。

- server.crt

- server.csr

- server.key

- server.key.org

接下来需要将server.crt文件复制到ssl_crt选项指定的路径，server.key文件复
制到ssl_key选项指定的路径。

配置认证

通常在使用 Salt 时，salt 命令以 root 用户、非特权（unprivileged）用户使用 sudo，或使用 salt-master 守护进程的执行用户运行。但是，也可以配置为从其他认证平台中使用其用户来运行。

由于 Salt API 无法直接在命令行上运行（可以使用外部的客户端如 wget 或 cURL），它需要配置使用外部认证系统（通常是 eauth）。和 Salt 支持的 eauth 方法一样。

外部认证模块

这一块是 Salt 中一个并没有太多模块插入的地方。为什么是这样？这是因为大量的外部认证模块可以由 **PAM（Pluggable Authentication Module）** 这个 Linux 可插拔认证模块类来支持。例如 LDAP，很多管理员可以轻松地通过 PAM 对应的 LDAP 模块来实现 LDAP 类的认证需求。

外部认证可以在 Master 配置文件中以 external_auth 块来进行配置。该模块指定使用的认证方式，接下来指定哪些用户能有权限使用哪些 Salt 模块。例如：

```
external_auth:
  pam:
    larry:
      - .*
      - '@runner'
      - '@wheel'
    darrel:
      - test.*
      - '@runner'
      - '@wheel'
    darryl:
      - test.*
      - network.*
      - '@runner'
      - '@wheel'
```

在例子中，larry 这个用户有如下 3 个权限。

- .*：指定该用户能够访问哪些执行模块。需要注意的是，这里的值 .* 是一个正则表达式。

- @runner：指定该用户能够访问的 runner 模块（在这里，允许用户访问所有的 runner 模块）。
- @wheel：指定该用户能够访问的 wheel 模块（在这里，允许用户访问所有的 wheel 模块）。

darrel 和 darryl 用户则有相对受限（restricted）的访问权限：都允许访问 test 模块下的所有方法，darryl 用户则也可以访问 network 模块下的所有方法。

迈出 Salt API 第一步

在 Master 配置文件中配置好这些后，我们可以启动 Salt API。为了更好地了解它，我们将 debug 设置为 True，然后在前台（foreground）启动该服务：

```
# salt-api
[11/May/2015:00:55:22] ENGINE Listening for SIGHUP.
[11/May/2015:00:55:22] ENGINE Listening for SIGTERM.
[11/May/2015:00:55:22] ENGINE Listening for SIGUSR1.
[11/May/2015:00:55:22] ENGINE Bus STARTING
[11/May/2015:00:55:22] ENGINE Started monitor thread '_TimeoutMonitor'.
[11/May/2015:00:55:22] ENGINE Started monitor thread 'Autoreloader'.
[11/May/2015:00:55:23] ENGINE Serving on http://0.0.0.0:8080
[11/May/2015:00:55:23] ENGINE Bus STARTED
```

在执行完 Salt API 命令后，我们会在控制台看到这些打印的输出。由于 Salt API 需要一些额外的 HTTP header，并且经常是 POST 数据，因此在接下来的例子中我们将使用 cURL 进行演示。

在操作任务之前，我们需要先获取用于运行命令的 token。我们需要提交适当的认证信息来获取该 token，一旦获取完毕，在之后的请求中使用这个 token 来确认认证。我们可以通过如下的命令来获取 token：

```
# curl -si https://localhost:8080/login \
    -H 'Accept: application/json' \
    -d username='larry' \
    -d password='123pass' \
    -d eauth='pam'
```

命令中的-s 参数指定使用静默（silent）方式（不会显示多余的信息）。-i 参数指定 Salt API 收到服务器的返回结果同时显示 HTTP Header。在之后的 REST 例子中我们将使用-s 参数，不使用-i 参数。

-H 选项允许我们指定一个特定的 header 给远端服务器。当 Salt API 需要发送的 application/json header 时，会以我们希望的 JSON 格式返回结果。

-d 选项用于给远端服务器发送 POST 数据。在本例中，使用的是 key=value 对这样的格式。eauth 参数指定该用户要使用哪个 eauth 模块来进行认证。当然 username 和 password 指定用于该认证模块的认证信息。

命令执行完毕后，会返回如下类似的内容（return 数据是格式化后的内容）：

```
HTTP/1.1 200 OK
Content-Length: 196
Access-Control-Expose-Headers: GET, POST
Vary: Accept-Encoding
Server: CherryPy/3.6.0
Allow: GET, HEAD, POST
Access-Control-Allow-Credentials: true
Date: Mon, 11 May 2015 07:12:13 GMT
Access-Control-Allow-Origin: *
X-Auth-Token: 0bbb7e20dfb6093528636202e706ebc4d4c8493c
Content-Type: application/json
Set-Cookie: session_id=0bbb7e20dfb6093528636202e706ebc4d4c8493c;
expires=Mon, 11 May 2015 17:12:13 GMT; Path=/

{"return": [{
    "perms": [".*", "@runner", "@wheel"],
    "start": 1431328333.460601,
    "token": "0bbb7e20dfb6093528636202e706ebc4d4c8493c",
    "expire": 1431371533.460602,
    "user": "larry",
    "eauth": "pam"}]}
```

在返回结果中，我们可以看到 token。在本例中，对应的是 0bbb7e20dfb6093528636202e706ebc4d4c8493c。我们可以在随后的请求中使用它。由于它太长了，我们在之后的例子中直接使用 <token> 来表示它。

一旦我们获取了 token，我们可以在之后的请求中通过 X-Auth-Token 这个 header 来发送它给远端服务器。例如，我们要处理一个简单的 test.ping 请求，我们可以使用如下命令：

```
# curl -s https://localhost:8080/minions -H 'Accept: application/json'
-H 'X-Auth-Token: <token>' -d client='local' -d tgt='*' -d fun='test.ping'
    {
        "_links": {"jobs": [{"href": "/jobs/20150511024432503750"}]},
        "return": [{
            "jid": "20150511024432503750",
            "minions": ["myminion"]}]}
```

 需要注意的是，在命令中我们请求的 URL 是/minions。这个 URL 用于通过 Salt API 来执行命令，就如例子中执行的远程执行模块。

在我们了解返回数据之前，我们需要先来看看在命令行中我们指定的一些额外参数。首先是 client='local'，用于告诉 Salt API 运行远程执行模块。其他的参数有点类似。tgt 参数设置 target，在本例中，是所有 Minion。fun 参数设置需要运行的方法，本例中会运行 test.ping。

和 Salt 其他组件一样，我们也可以通过 tgt_type 选项来设置 target 类型，默认是 glob。如果需要传递参数（argument）和关键字参数（keyword argument）给 Salt，可以使用 arg 和 kwarg 来满足需求。

这个例子中，返回的内容中有两部分数据。首先我们可以看到一个将在稍后使用的参考路径（reference path）_links。另一部分数据是一个 return 字典，包含对应的任务 ID（job ID，jid），以及该命令会操作的 Minion 列表。

在本例中，我们并没有在命令中得到来自于 Minion 的真实返回结果。需要谨记的是，Salt 本质上是一个异步的系统，只是 salt 命令在默认情况下会等待一段时间来获取返回结果，它并不需要 Web 客户端强制等待同样的时间。

为了获取返回结果，我们需要运行另外一个包含任务 ID 的命令。该命令需要使用 GET 方法，同时不需要在命令中使用-d 选项：

```
# curl -s https://localhost:8080/jobs/20150511024432503750 -H 'Accept:
application/json' -H 'X-Auth-Token: <token>'
    {
        "info": [{
```

```
"Function": "test.ping",
"jid": "20150511024432503750",
"Target": "*",
"Target-type": "glob",
"User": "larry",
"StartTime": "2015, May 11 02:44:32.503750",
"Arguments": [],
"Minions": ["myminion"],
"Result": {"myminion":
    {"return": true}}}],
"return": [{
    "myminion": true}]}"
```

这是我们想看到的内容，我们可以看到命令使用的所有选项，命令在每个 Minion 上都成功执行，以及每个 Minion 返回的命令执行结果。

 需要注意的是，/jobs URL 后边紧跟着任务 ID。

刚刚我们做了一些容易理解的小操作，接下来让我们告诉 Salt API 返回的数据使用 YAML 格式。此时我们只需要更改 Accept header 为 application/x-yaml：

```
# curl -s localhost:8080/jobs/20150511024432503750 -H 'Accept:
application/x-yaml' -H 'X-Auth-Token: <token>'

    info:
    - Arguments: []
      Function: test.ping
      Minions:
      - myminion
      Result:
        myminion:
          return: true
      StartTime: 2015, May 11 02:44:32.503750
      Target: '*'
      Target-type: glob
      User: larry
      jid: '20150511024432503750'
```

```
return:
- myminion: true
```

发送一次性命令

到目前为止，我们唯一处理的命令使用了 token。实际上我们也可以在单次调用时使用一次性的认证命令。这并不是常规的 Salt API 操作，但非常有益于对自定义模块进行排错处理（troubleshooting issue）。同时也在 webhook 中非常有用，对于 webhook 我们将在稍后进行讲解。

为了处理一次性的命令，我们可以在 URL 中使用 /run 路径来替换之前用的 /minions 路径。对应的 rest 命令行类似于如下内容：

```
# curl -s localhost:8080/run -H 'Accept: application/json' -d username=
'larry' -d password='123pass' -d eauth='pam' -d client='local' -d tgt='*'
-d fun='test.ping'

    {"return": [{"myminion": true}]}
```

使用 webhook

在之前的内容中，我们有提到关于 Salt API 的 webhook。webhook 用于通过 HTTP/HTTPS 的一次性调用来处理命令，并不需要先来获取 token。在一些场景中，webhook 可能有问题。

首先碰到的障碍就是服务使用 token 或者其他的认证模式，需要为服务器进行多次 Web 请求。而 webhook 需要一次请求就完成工作，使用 Salt API token 可以回避掉这个问题。

正如之前看到的，Salt API 允许处理的命令在一次调用中就附带上授权信息（credential）。如果服务在产生调用时允许你自定义一些东西，如自定义 header 和 POST 数据等，就没有问题。在一些服务中，这么做是可以接受的，但有一些服务并不具备该功能。

那么对于我们来说，就需要使用无认证的 Web 请求。这对于 Salt API 来说也是可行的，但需要用户提供自己的认证机制。稍后我们将看下如何进行这样的操作。

首先，让我们配置 Salt Master 来接受 webhook 请求。这个功能需要 CherryPy 模块，你需要先进行安装。它也需要配置 webhook_url，在本章的 *CherryPy* 一节中有过学习。接下来我们将 webhook_disable_auth 设置为 True。

```
rest_cherrypy:
  port: 8080
  ssl_crt: /etc/pki/tls/certs/localhost.crt
  ssl_key: /etc/pki/tls/certs/localhost.key
  webhook_url: /hook
  webhook_disable_auth: True
```

本例中，webhook URL 对应的是 /hook 路径。就如 https://saltapi.example.com/hook。由于我们的例子不需要认证，所以我们也对 webhook 进行了关闭认证的配置。如果你工作环境中的服务（service）支持传递自定义 header 和 POST 数据，请取消该配置或者将它设置为 False（默认是 False）。

配置完毕后，不需要重启 salt-api，它会自动侦测配置的变更。

接下来我们开启 event 监听器（listener）。使用 cURL 请求 webhook URL：

 # curl -s localhost:8080/hook -H 'Accept: application/json' -d foo=bar

在 event 监听器中，我们会看到如下消息：

```
Event fired at Mon May 11 09:09:09 2015
*************************
Tag: salt/netapi/hook
Data:
{'_stamp': '2015-05-11T15:09:09.719958',
 'body': '',
 'headers': {'Accept': 'application/json',
             'Content-Length': '7',
             'Content-Type': 'application/x-www-form-urlencoded',
             'Host': 'localhost:8080',
             'Remote-Addr': '127.0.0.1',
             'User-Agent': 'curl/7.42.0'},
             'post': {'foo': 'bar'}}
```

这里边有两项信息需要关注。首先，event 的 tag 是 salt/netapi/hook。所有的 Salt API 产生的 event 都以 salt/netapi/ 开头，以及我们在 Web 请求中包含 webhook_url 的路径。

另一项信息是 POST 数据，Salt 会将它转换为字典。在本例中，字典非常短：键名是 foo，值是 bar。

使用 webhook

安全加固

按照咱们之前的配置，任何人都可以请求 Salt Master 上的 Salt API 端口来发送消息。有一些非常简单的认证请求方法，虽然并不是非常安全，但值得我们学习。

首先，我们可以基于 URL 认证。知道正确 URL 的用户才可以发送请求，这类安全机制称为隐藏内部机制的安全防护（*security through obscurity*），它只是基于鲜为人知的信息来提供简单的安全防护。

我们也可以基于产生请求的远端主机的地址来进行认证。这次的安全称为基于主机的安全（*host-based security*）。不过一旦知道该机制的策略，通过模拟主机名和 IP 地址，该方法也将变得不那么安全。

我们也可以通过发送安全的 POST 数据来提供安全防护。如果我们使用 HTTPS，那么所有的数据都将是加密的，能够减少（mitigate）中间人（*man in the middle*）攻击。在中间人攻击中，能够查看双方通信的用户以获取足够的信息来模拟一方或双方当事人。

如果能够传递自定义 POST 数据，这就好办得多。我们可以在 POST 中设置一些安全数据，在 Salt Master 端进行查看。

让我们来建立一个反应器（Reactor）处理这类场景。首先，我们在 Master 配置文件中配置反应器映射：

```
reactor:
  - salt/netapi/hook/sample/url
    - /srv/reactor/webhook_simple_post.sls
```

接下来，为了应用配置我们重启了 Master，然后建立反应器 SLS：

 # cat /srv/reactor/webhook_simple_post.sls

```
{% if data['post']['foo'] == 'bar' %}
simple_post_auth:
  cmd.file.touch:
    - tgt: myminion
    - arg:
      - /tmp/simple_post_auth.txt
{% else %}
simple_post_auth_failed:
  cmd.file.touch:
```

```
        - tgt: myminion
        - arg:
            - /tmp/simple_post_auth_failed.txt
    {% endif %}
```

此时如果认证成功，将会触发创建文件操作，如果认证失败则会创建另一个文件。我们来测试一下它：

```
# curl -s localhost:8080/hook/sample/url -H 'Accept: application/json' -d
foo=bar
# salt myminion cmd.run 'ls -l /tmp/simple_post_auth*'
    myminion:
        -rw-r--r-- 1 root root 0 May 11 10:43 /tmp/simple_post_auth.txt
# curl -s localhost:8080/hook/sample/url -H 'Accept: application/json' -d
foo=baz
# salt myminion cmd.run 'ls -l /tmp/simple_post_auth*'
    myminion:
        -rw-r--r-- 1 root root 0 May 11 10:43 /tmp/simple_post_auth.txt
        -rw-r--r-- 1 root root 0 May 11 10:44 /tmp/
simple_post_auth_failed.txt
```

更复杂的认证

也许在你的场景通过 POST 参数实现的认证过于简单，需要一些更复杂的认证。在这里，你可能需要比 Jinja 加 YAML 更强劲的渲染器。在 Salt 内置了 3 种 Python 渲染器，可以根据需求使用它们来编写反应器（Reactor）。

由于本书的核心是 Salt 而不是 Python，我们在这里不过多描述。为了方便 Python 用户，我们将之前的反应器转换为 Python 版本。

```
#!py
def run():
if data.get('post', {}).get('foo', '') == 'bar':
    return {'simple_post_auth': {
        'cmd.file.touch': [
            {'tgt': 'myminion'},
            { 'arg': ['/tmp/simple_post_auth.txt'] }
```

```
            ]
        }
    else:
        return {'simple_post_auth_failed': {
            'cmd.file.touch': [
                {'tgt': 'myminion'},
                { 'arg': ['/tmp/simple_post_auth_failed.txt'] }
            ]
        }
```

总结

Salt 无论作为客户端还是作为服务器端都对 REST 接口提供了一些强有力的功能。尤其是和反应器系统结合时，这些功能将只针对本地（local）的操作变得对内部基础设施也具备自治（autonomous）能力，将更方便与当前主流的第三方服务进行整合。

到目前为止，我们花费了大量的时间来学习很多 Salt 传统的部分，是时候看些高难度的东西了。第 7 章我们将聚焦 Salt 新的传输协议，**可靠异步事件传输**（Reliable Asynchronous Event Transport，RAET）协议。

第7章

理解 RAET 协议

你可能已经听说了 SaltStack 新的**可靠异步事件传输**（Reliable Asynchronous Event Transport，**RAET**）协议。现在是时候深入了解一下这个协议了。对于大多数用户来说，可能看不到太多 RAET 的存在。Salt 的命令行没变，命令输出也没变，而且你也无须更新 SLS 文件。事实上，如果你启用了 RAET，在没改变工作流的情况下，你并不会感觉有任何变化，RAET 的设计目标也正是如此。

那 RAET 有什么用呢？事实上，RAET 是一个非常令人兴奋的技术，在未来几年内将大步前进。在本章中，我们会探讨以下内容。

- RAET 与 ZeroMQ。
- 理解基于流程的编程方法（flow-based programming）。
- 使用 estate、road 和 lane。

抓紧坐稳了！本章将是一段疯狂之旅！

比对 RAET 与 ZeroMQ

想要了解 Salt，先了解什么是 ZeroMQ，以及为什么 Salt 最初基于 ZeroMQ，将会非常有用。对 ZeroMQ 有一个坚实的基础，也有助于切换到 RAET。同样了解下 HTTP 以及 Salt 为何不使用 HTTP，对了解 Salt 也会有帮助。

非常重要的一点，当 ZeroMQ 出现的时候，并没有类似的东西。现在已经有些替代品了，比如 nanomsg，但是 ZeroMQ 是在 Salt 诞生之初时首先存在的。

许多 Salt 背后的设计原则都是受以前的项目所启发，其中一些项目是 Salt 的创建者们还在 Salt 孕育期时就在使用的。但是 Salt 并不是仅仅将其他项目糅合在一起的副本。如果已有项目已经完成了 Salt 的设计目标，那么 Salt 就不会出现。因此这里要说的是，之所以采用这样的一些设计原则，是因为之前的一些项目处理得并不好。

先看看 HTTP

在分布式管理系统中，最常用的技术之一就是 HTTP，从多方面来说这也是有意义的。它无处不在，又易于理解和使用。但是，HTTP 有这样一个限制：请求和响应都必须是一个文档（document）。这么做最初目的是为了服务静态资源。尽管很快添加了支持动态资源的特性，但是静态资源这个基本前提依然存在。

安全性是 HTTP 诞生之后才添加进来的，一开始，也是由各种已存在的安全协议进行相互竞争。最终，HTTPS 胜出，经过多版本迭代的 SSL 协议最终成就了 TLS，该协议自身已提供了一些突破 HTTP 协议本身局限性的能力。不过，之后的内容中我们会将 HTTP 和 HTTPS 作为一个概念来讲。

基于 HTTP 的配置管理系统通常需要先搭配一个 Web 服务器。维护一个用于客户端连接的开放 Web 服务器会带来大量安全隐患，同时开销也很大，这就需要客户端只连接单个服务，而不是去连接大量的服务。

使用 HTTP 也意味着 Web 服务器必须能够处理大量的访问。也就是说，有越多的客户端连接数，就有越多的并发连接必须处理。举例来说，当 **Puppet** 配置使用 **WEBrick** 启动时，只是勉强能用，因为 WEBrick 就不是设计用来处理大规模传输的。切换成 Mongrel 或 Apache 能显著提高 Puppet 的性能。

然而，无论怎么提高 Web 服务器的性能，仍然局限于连接基于 pull 的请求。Web 服务器无法主动发起一个到客户端的连接。这也就是为什么基于 Web 的配置管理系统通常需要设置定期（如每 30 分钟）连接 Master 进行配置管理检查。

SSH，曾经的最爱

可能这世上最常见的管理 UNIX 或 Linux 服务器的方式就是 SSH 了。这是因为在过去几十年间，telnet 是管理工具的王者，而 SSH 是一种安全的隧道机制，默认的应用就是 telnet。在过去很长一段时间，基于 SSH 的管理采用的是纯手工维护的方式。而随着 SSH 越来越流行，自然而然地迫切需要一些能够进行自动化的工具。

最早的工具相当简单，采用基于 shell 的循环执行一次性命令。随着发展，一些基于 SSH 并行（parallel）执行任务或维护多个并发（concurrent）SSH 窗口的工具愈发流行。很快，基于 SSH 管理的整体框架构建起来了。

不过，基于 SSH 的管理系统和 HTTP 系统类似，都有很多限制。例如在 HTTP 中，一个服务器可以接受（accept）多个并发连接。但一个客户端一次只能连接一个服务器。为了并行连接多个服务器，必须一次性启动多个客户端，并发客户端的数量受限于客户端所在机器的资源。

同样地，和 HTTP 类似，一个 SSH 连接需要服务端和连接对端同时存在。还有，对于需要配置的机器来说，通过 SSH 将结果以回调方式返回给中央服务器的机制极为罕见。与此相对的是，每个需要通过 SSH 进行配置的机器，通常都需要自身运行一个 SSH 服务。这和在每个客户端运行一个 HTTP 服务器端承担同样的风险；如果 SSH 用户有 root 权限访问机器将更危险。这就是通过 SSH 配置机器可能面临的问题。

使用 ZeroMQ

ZeroMQ 从未被设计用于配置管理。它的设计目标是一个快速、简单的**高级消息队列协议**（**Advanced Message Queuing Protocol，AMQP**）的替代品，和 AMQP 是一个作者设计的。同时消息队列在大规模环境中运作良好，具有非常高的性能。

消息队列和 HTTP 以及 SSH 是不同的，并非由一个单独的客户端初始化一个单独的连接，连接到一个单独的服务器，而是多个客户端可以从一个或多个服务器订阅（消息队列），并且监听应用于它们的消息。连接也十分轻量，而且由于是持久性的，所以客户端/服务器端连续握手的开销就被消除了。

让我们来看看一些展现 HTTP、SSH 和 ZeroMQ 之间的结构差异的类比。一组工人由一个管理者领导，管理者会定期给工人分配任务。

在一个基于 HTTP 的架构中，每个工人都需要定期给管理者打电话检测有没有新任务。如果电话打来时管理员此时正忙于跟其他工人通话，那么其余的工人只能继续尝试打电话，直到管理者的电话不再繁忙。

在一个基于 SSH 的架构中，管理者将会给每个工人打电话分配任务。当执行的任务很少时，将导致每个人手头工作都很少。此架构同样允许管理员在工人一旦收到任务时就立即发起新任务，无须等待预期接收者完成任务。

在一个基于 ZeroMQ 的架构中，每个工人都会观看一个 TV 频道，任务会广播到这个频道上。当一个工人看到需要做的任务时，会执行任务并且将结果电话报告给管理者。任何 TV 业务主管都会告诉你，以这种广播消息到目标观众的方式，是更加易于扩展的方式，尤其是潜在的观众数量非常庞大的时候。

实际上 Salt 使用了两个消息队列。4505 端口是用于工人们订阅的（即他们观看的频道），以便从管理者处获取消息。4506 端口是第 2 个队列，用于管理员观看数据返回结果。

ZeroMQ 与安全性

ZeroMQ 起初并未实现任何形式的安全性。因为这玩意最初是打算用在已经受保护的内部环境中的。没有加密的开销，ZeroMQ 就能获得显著的性能。

但是，Salt 的设计并非只运行在内部安全的网络环境中，而是设计运行在并非对所有用户都可信的网络中。正因为如此，所以 Salt 的消息都是加密的。即便是在今天，Salt 也不可能在非加密的通道上进行通信。

在当时，ZeroMQ 并没有内置的安全策略，所以在 Salt 内部，基于 ZeroMQ 自己实现了一个安全层。这个安全层基于 SSH 标准，这是世界上广泛信任的标准。SaltStack 从没用过自己的加密类库；一直用的都是其他已有的，经过评审的类库，比如 **PyCrypto**。尽管在过去应用这些类库时，小有磕绊，但今天 Salt 的加密层已经通过了第三方安全审计公司的定期鉴定，是安全的。

RAET 的必要性

Salt 如今已经用在了一些超大规模集群上。甚至有罕见的一组超过 15000 台的服务器运行在单一 Salt Master 架构上。随着这些基础设施规模的增加，很显然，需要设计出针对 Salt 这种需求的传输方式。

另一方面，一个 ZeroMQ 总线类似于让所有工人看一个 TV 频道；RAET 更像让每个工人只看自己专属的频道，其他人是看不到这个频道的。

ZeroMQ，类似最流行的互联网协议 (包括 HTTP 和 SSH)，都基于以可靠性著称的 TCP 协议。RAET 基于以非可靠性著称的 UDP 协议。而且通常 TCP 是加密的，UDP 几乎是不可能加密的。那么，为什么还要用呢？

UDP 最大的优势是速度。因为它不为诸如握手这些琐事费心，总是尽可能保证网络包抵达目的地，这使得 UDP 非常快。

RAET 自身提供了那些缺失的组件，如握手以及可靠性。同时 RAET 并没有使用那些 HTTPS 和 SSH 中用到的传统标准加密类库，RAET 用了**椭圆曲线加密法**（**elliptic curve-based cryptography**，**ECC**）中一种称为 Curve25519 的加密算法。此算法是当今许多人认为最安全的算法，现在已经是 OpenSSH 的默认加密算法了。RAET 同样没有管过加密，而是使用一个叫 libsodium 的类库（和 SaltStack 毫无关联）处理所有加密事宜。

相比前辈 HTTP、SSH 及 ZeroMQ，RAET 的架构显得鲜为人知，但在我们深入了解 RAET 之前，先让我们介绍一下 RAET 底层的一些概念。

基于流程的编程方法

我们已经探讨了一些 RAET 和 ZeroMQ 的不同。但是，想要真正了解 RAET 的优势，以及对你产生的影响，了解基本的**基于流程的编程方法**（**Flow-based programming**，**FBP**）是非常有用的，因为它是 RAET 设计的基础。

拼图

尽管听上去有些骇人，但并不需要过多担心。我们会先将它拆解为更小的组件，然后给你展示如何将这些碎片组合完成拼图。FBP 基于以下 3 个概念。

- 黑盒（Black box）。
- 共享存储（Shared storage）。
- 并发调度（Concurrent scheduling）。

这 3 个组件组合成一个框架，可以非常快捷有效地管理任务。接下来让我们分别看一下这 3 个组件。

黑盒

第一个拼图片是黑盒。更准确地说，黑盒自身其实还是拼图片，它们由调度器组织，并且连接到共享存储上。

更简单点说，一个黑盒就是一个用来做其他事的物品。但这并不具体，所以我们再细致点说。一个黑盒就是一个简单的构想，用于执行一个动作。这个动作的复杂性根据需要来定，但是通常越简单越好。应该有个简单的接口启用这个黑盒，也应该有个简单接口获取运行结果。

关于黑盒举一个日常的例子，面包机。有一个简单的接口，就是面包片插入的槽，定时器用来设置烤面包的程度，一个按压式的控制钮用来启动加热线圈；这个按钮启动整个烤制过程。一旦整个过程完毕，计时器到期，烤面包被弹出，加热线圈开始冷却。

使用该黑盒的厨师也可以启用其他黑盒完成一个更大的任务。要准备早餐，厨师可能会用面包机黑盒，同样用到搅拌机黑盒造冰沙（smoothie），或用到煎锅黑盒，进而用到火炉黑盒。这就需要用户更频繁地输入。

共享存储

共享存储几乎是每个专业程序员和系统管理员在职业生涯中都会用到的：数据库。顾名思义，所有的黑盒都会以某种方式访问到它。

回到我们做早餐的那个例子，我们可以用冰箱作为我们的共享存储。可以存储果汁、水果、鸡蛋、黄油，甚至有些用户，尤其是做烤面包的人会存储面包。

我们还可以添加一个稍微复杂点的共享存储方案——食品储藏室。你甚至可以把它当作一个归档存储，用户从一个沸水罐头中取出加工的果酱、果冻、水果、咸菜等，然后在储藏室中储存起来，直到需要的时候拿出。从归档中恢复的时候，它们会被移动到冰箱，在冰箱会被访问得更频繁。

并发调度

很不错，我们有共享存储来保存食物，有黑盒来做饭，但如果没有某种东西或某人将它们的功能整合起来的话，也是没用的。不从存储中把食物移到黑盒的话，没法做饭，并且在正确的时间以正确的方式来做这件事，对我们是否能够成功做好早餐也是至关重要的。仅仅是把鸡蛋放入煎锅黑盒中，并没有正确打开炉灶，将导致最终不可食用；把鸡蛋放入烤面包机黑盒可能会失火。

为了将这些元素绑定在一起，我们需要一个调度器。调度器会决定每个过程什么时候开始，哪个黑盒获取哪一部分数据。

回到我们做早餐的例子中，厨师就是调度器。厨师会从储藏室或冰箱中取出面包，然后解开包装袋，放入烤面包机中，启动面包机定时器。厨师还会从冰箱取出鸡蛋，敲碎蛋壳倒入煎锅中，偶尔加点调料，把握火候做出美味。

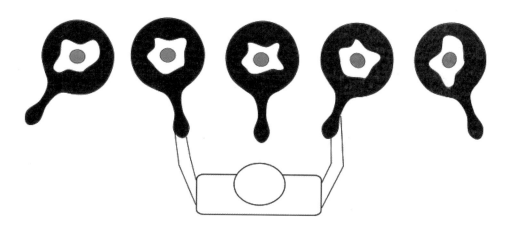

厨师，亦或者说调度器，总会考虑每个动作的最佳启动时机。一个优化的调度器（或一个经验丰富的厨师）会参考历史数据，来帮助调度器做出抉择。

无论是鸡蛋还是烤面包都突出了几个数据中心需要定期加工的重要事项。已有工具使加工鸡蛋更容易，但是很大程度上依然是一个手工过程。不过，一旦数据（面包）和参数（烘烤时间）指定给烤面包机，烤面包的过程就不需要用户任何进一步的输入了。

我们已经探讨了调度，那么什么是并发？其实最好是同时解释并行处理（parallel processing）与并发处理（concurrent processing），因为理解了一个就会很容易理解另一个。两个都要理解同样很重要，因为它们很容易混淆，术语经常混着用。

当两个及以上的处理过程在同一时刻同时发生，那么它们就是并行（parallel）产生的。举个例子，两片面包同时插入烤面包机时，这两片面包就会并行烘烤。

并发（concurrency）看起来像是两个及以上的处理过程在同一时刻发生，但实际上，每个过程的每一步都是分开顺序执行的。因为计算机速度很快，并且对用户隐藏工作细节，并发过程经常看起来像并行过程。

基于流程的编程方法

让我们回到之前厨房的例子。我们的厨师为自己全家做早餐。他有一个巨大的烤面包机，可以一次处理一打面包片。他还有一个烘焙盘（griddle），可以一次煎好几个鸡蛋。他也有案板（cutting board）和刀（knife），并计划给早餐加点新鲜的水果。

厨师开启烘焙盘启动了整个做早餐的过程。当烘焙盘热好了以后，他把面包放入烤面包机并打开。然后，他把甜瓜拿出来放到案板上。走向了烘焙盘并在上面打碎几个鸡蛋。接下来，他走回案板将甜瓜切成几片。回到烘焙盘翻了一下鸡蛋。之后他完成了切甜瓜。

就在他完成切甜瓜的时候，烤面包片弹出了。鸡蛋恰在同时也煎完了。他抓起一些盘子，每个盘子都放上烤面包片，用锅铲把鸡蛋分到这些盘子上，最终把甜瓜片分到这些盘子上，完成做早餐。

本例中的做早餐实际上就是包含了并行（parallel）与并发（concurrently）过程。厨师在煎鸡蛋和切甜瓜之间并发切换。同样他在另一个处理过程中并行烤面包。

开启 RAET 之旅

我们已经探讨了 RAET 背后的概念，现在是时候正式上路了。让我们先启用 RAET，然后逐步了解它。

配置 RAET

配置 Salt 使用 RAET 不是什么难事。在 Master 和 Minion 的配置文件中，设置 transport 为 raet：

```
transport: raet
```

直到 2015.5 版本，这个选项默认还是 zeromq，但可能在未来版本中会改变它。

切换到 RAET 还附带有一些其他变化。因为 RAET 使用了不同的加密方式，所以拥有自己的一组密钥。Master 使用以下目录存储 Minion 的公钥（在/etc/salt/pki/master/目录中）。

- minions_pre/：此目录表示 Minion 已经向 Master 发起认证请求，但是 Master 还没有接受（accepted）。
- minions/：此目录表明 Master 已经接受了 Minion 的认证请求。
- minions_rejected/：此目录表示 Minion 已经向 Master 发起认证请求，但是 Master 已经明确拒绝通信。

RAET 并非如此，而是分别使用了以下的目录名。

- pending/
- accepted/
- rejected/

由于基于 ZeroMQ 的 Salt 使用 RSA 加密方式，所以它的密钥看起来像下面这段代码：

```
-----BEGIN PUBLIC KEY-----
MIICIjANBgkqhkiG9w0BAQEFAAOCAg8AMIICCgKCAgEAxL69cuR0Z2lbrAeAq9Ry
pJeBP6lAHL6nUD71cVTxI0OOJC6t2Yb6jzFngvVoPXpCImdBbRFBp6KBG69nmbKu
WXbaeymoDobb5DpYSjGDForfEDvH/f03dj3ovXvf+CEJfir2r/f+IoYeEIdLOVsW
3KmpaHGie9cElitmd6df+gAapG4qdqZ2xzrM1VTaxvP0idmGOtiYOxZx9hj3Xf7J
yE3Xk65CJv5a/xbB+O9or6aEtbLC5tHZ9I7aLaCZ+dO0kDop4HBFjP1ZFe4gJG6d
L25PFOWPLqMmOyeBmCiC+yWIs3Fw9Eu1zH8GhCMonorA1Ih8sr6MmxS9rxmrQ/uA
+HJIaBAvmfjG2CuggkdbAjev2vPDkTgYvqwdeICM3RANH6SV8YdqXtf6lpsAFT/K
LhufO3/bI9s8DfFY7L+9+jf60cGDxkFQKvD0NU+88lscUSPxXDMv0sgy05U1BcyW
cPJy4x9RLwNC1C9EBKPtzvB/fD2carfKm3RDscsqP62V4P1jBfXDE2Jjzd2dC228
gdVTFjhD/c8oDisLrzHzsbd5k1Py8TFEuMlo6y0nDgTxQzCAz9HbpNVlcZOrrvzo
uZncih0nUXiV01rtU29qOUPpz/JhVFz4vYMbxJNsZeb3hwjDGo63WpsGqPKQdJ+t
U/jMDIJXt8mk5dywtho9RLcCAwEAAQ==
-----END PUBLIC KEY-----
```

不过基于 RAET 的 Salt 使用 *Curve25519*，所以它的密钥像下面这段代码：

```
verify @616bb1c637cbbd186932ab2d5f8ea6e3d1f380ea07c1ffd8bc407799894b
755f pub @fb577ea5be149005450ee6a3f4d18698365bdf674f6779151cb3dea032cc
e972 minion_id myminion
```

 尽管 Salt 已经自带了 RAET 的类库，但是运行需要的依赖可能没有，这取决于你的发行版。例如，Arch Linux 中，有两个不同的 Salt 软件包：

```
salt-zmq
salt-raet
```

每个包都会获取自己的依赖包组。而且它们都提供了很多相同的文件，所以不能同时安装。

一旦 Master 和 Minion 都配置正确了，Salt 的功能应该是正常的。接下来试试下面这几个命令：

```
# salt myminion test.ping
    myminion:
        True

# salt myminion status.loadavg
    myminion:
        ----------
        1-min:
            0.27
        15-min:
            0.73
        5-min:
            0.61

# salt myminion status.diskusage /dev/sdc1
    myminion:
        ----------
        /dev/sdc1:
            ----------
            available:
                8247476224
            total:
                8247476224
```

RAET 的架构

RAET 的内部架构和大部分人习惯的可能略有不同。表面上，RAET 只是一个点到点（peer-to-peer）的连接。Salt 用的是客户端/服务器端模式，但是，在 Salt 之外，可以用在任何机器上和其他机器通信。不过，在我们谈论一台机器如何和其他机器通信之前，我们应该学一些术语。

基础概要

在 RAET 总线上的主机都叫作 estate。每个 estate 都有至少一个 yard。estate 之间互连可以通过 road 或 lane。lane 用于连接同一台物理主机上的 estate，而 road 用在连接不同物理主机上的 estate。

在 UNIX 和 Linux 上，lane 实际上是 **UNIX 域套接字**（**UNIX Domain Sockets，UXD**）的抽象，在 Windows 上，lane 是邮件槽（mail slot）抽象。并且在所有的平台上，road 都是 UDP 网络连接的抽象。

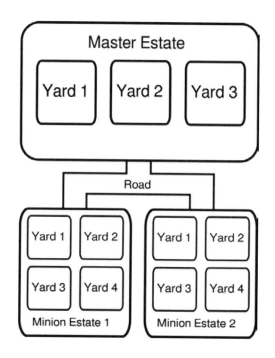

当一台机器需要发送消息到另一台机器时，需要先打包好消息，写清地址和收件人。地址需要包含 estate 的名字，以及在 estate 内需要收到消息的 yard。

yard 就像主机中的那些进程一样（但并不是一个实实在在完整的 UNIX 或 Windows 进程）。一个主机可以有多个 yard，每个都是唯一寻址的。这就给 Salt 内部带来了一个重大的变化。

在传统架构中，Salt 的命令被视为一次性动作。当一条命令发送给 Minion 时，会启动一个进程执行这些命令。如果这个进程无限期地处于打开状态，就无法保证后续命令使用这个进程。不过，由于在 RAET 中进程必须明确指定地址（以 yard 方式），所以应用程序可以持续地使用这些进程。

RAET 的调度器

像 ZeroMQ 一样，RAET 同样是基于队列的概念，在 RAET 中称为堆栈（stack）。不过，RAET 中的堆栈可能和人们预期的工作方式不太一样。

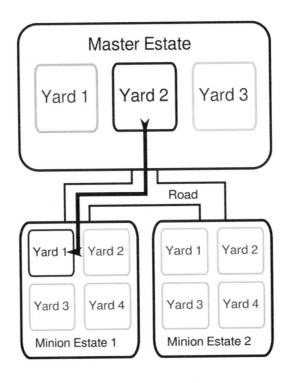

当 Master 用 RAET 向 Minion 发送一条命令时，实际上并没有立刻发生什么事；这条命令被放在合适的堆栈中，等待处理。RAET 的并发调度器会在每个堆栈中循环，如果发现了需要完成的任务，就会酌情处理。此特性给 RAET 堆栈带来了非阻塞的性能。当多个任务进来的时候，它们会立即被发送给合适的堆栈，然后被调度器并发处理。

estate 和 yard

我们已经注意到，主机都以 estate 指代了。让我们仔细看看 estate 内部的关系。

每个 estate 包含着 yard。estate 之间互连走 road（公路），但 yard 之间互连走 lane（小道）。

我们可以这么说，每个 yard 都是一个进程，但有一定的误导性，因为在操作系统级别上，每个 yard 并不直接关联到单个进程上。而且也并不是并行处理，yard 是被 estate 的并发线程所管理的。

再来回顾一下本章早先那个做早餐的场景。我们的厨师是一个调度器，他管控着所有需要完成的任务，他做饭用到的厨具链接对应的是 yard，他在一个 yard 上翻了下鸡蛋，然后移动到另一个 yard，翻了下另一个鸡蛋。然后，他移动到下一个 yard 切了甜瓜片。你可能还记得，我们的冰箱就是一个共享存储机制，每个 yard 都可以访问，也可以使用。鸡蛋是从共享存储中获取的一个类型数据，可以进一步处理，而且，如果有吃剩的食物，还可以放回到存储设备中。

总结

RAET 是非常强大的协议，以意想不到的方式扩展了 Salt 的功能。我们同时讨论了其他框架中用到的其他通信管理选项，也讨论了为什么 Salt 没有选用这些。

第 8 章我们将要讨论 Salt 内置了很多技术来处理大规模基础设施，并且有些新技术还可以混合使用。

第**8**章

扩展策略

到现在为止，我们探讨的话题都涉及了或大或小的各种规模的基础设施。但是当基础设施开始变得非常庞大的时候，就有一整类策略需要为负载均衡考虑了。在本章中我们将会探讨以下话题。

- 使用 Syndic 构建级联关系。
- 使用多 Master 互联。
- 使用 minionswarm.py 进行压力测试。
- 使用外部文件系统。
- 使用 wheel 系统管理 Master。

关于级联

为了理解 Salt 的级联，让我们先后退几年，退到基础设施的规模还没超过几十个节点的时候。服务器管理软件并不需要处理大量的连接，实际上也没那么多连接。

萝卜白菜，各有所爱（Different folks，different strokes）

Puppet 是其中较早的真正解决扩展问题的配置管理平台。由于 Puppet 使用一套基于 HTTP 的方式，所以较早的文档探讨了这种优缺点，以及不同 Web 服务器的各式各样的配置。

正如我们在之前章节讨论的那样，Salt 不使用 HTTP，因此需要采用不同的策略实现扩展。就其本身而言，已经有用户反馈说正在用 Salt 管理超过 10000 台机器。但是，并非所有人都有这种强劲的硬件给 Master 用。

Syndic 系统设计出来的用于解决 Master 所在的基础设施不够强劲，不足以处理来自所有 Minion 的连接请求。Syndic 系统并未采用一个 Master 直接连接所有 Minion 这种典型的架构，而是允许一个 Master 直连到其他一个或多个 Master，同时也包括属于自己的 Minion。在此层级结构之下的每一个 Master 都可以直接连接更多其他的 Master，同时也包括属于自己的 Minion。这种层级没有强制的限制。

虽然这个概念是设计用来减轻 Master 的负载的，但现在更常见的用法是作为一个组织层级的技巧。例如，某个组织可能管理着分布在休斯顿、纽约、伦敦、迪拜、新加坡、东京及悉尼的数据中心。每个数据中心可以有一个单独的 Master，进而连接到另一个用于集中管理的 Master。

当 Salt 通过网络传输数据时，安全问题需要格外注意。限制 Minion 只能连接到它们所在的数据中心的 Master，只需要简单地改下防火墙配置，作为中心用于集中管理的 Master 只需要关心来自很小范围的 IP 地址连接请求。此外，管理员还可以通过连接到每个对应的独立的 Master 对每个数据中心执行任务。

无须细致化管理

在处于级联化的 Salt 基础架构中的每个 Master，都只知道哪些 Minion 和 Master 是直接向它报告数据的。假设我们已有 Master A，管理一组 Minion，同时两个 Syndic 叫作 Master B 和 Master C。Master A 发送的命令行可以传播到属于 Master B 和 Master C 的 Minion 中，但是不需要为那些 Minion 存储一份公钥副本，甚至不知道它们的存在。

这是因为 Syndic 系统不过是提供了一个透传连接而已。发布（published）到 Master A 的总线（bus）上的命令将会发送到 Master B 和 Master C，每个 Master 又会重发布（republish）这些命令到它们自己的总线。因为返回数据会被 Master B 和 Master C 收到，所以这些数据又会被归并聚合之后返回给 Master A。

这同样意味着 Minion 从它们所属的 Master 请求其他资源，比如文件或 Pillar 数据，都只能从它们直连的 Master 获取这些数据。Syndic 不能从它所属的 Master 上获取该 Master 下连的 Minion 上的数据。幸运的是，这都不是事儿，如果所有的数据都用外部文件系统或一个外部 Pillar 提供的话，会在本章稍后的内容中探讨，在掺入外部数据源一节内容中。

配置级联关系

每个 Master 毫无疑问地在基础设施上运行着 `salt-master` 守护进程。需要汇报给更高层级 Master 的 Master 需要运行 `salt-syndic` 守护进程（可能需要单独安装，取决于你的操作系统）。

每个 Syndic 必须配置让它知道哪个 Master 是上级。在 Syndic 的 Master 配置中，配置上级 Master 的主机名或 IP 地址的配置项是 `syndic_master`：

```
syndic_master: 10.0.0.10
```

如果有必要，你同样可以改变 `syndic_master_port`，该选项默认值等同于 `master_port` 选项 (4506)：

```
syndic_master_port: 4506
```

总管 Syndic 的 Master 将会像其他 Minion 一样对待 Syndic，意味着需要接受 Syndic 的公钥，显示出来就像一个 Minion key 一样。但是，它同样需要知道它会控制 Syndic。想要让它知道给其他 Syndic（本身也是 Master）发送命令，需要在上级 Master 的配置中设置 `order_masters` 选项为 True：

```
order_masters: True
```

使用多 Master 实现高可用

传统的 Salt 架构中只包含一个单独的 Master 和多个 Minion。对于大多数小规模应用工作很好，甚至对于某些大规模也没问题，但并非对所有人都适用。在现代化的基础设施中，高可用已经变得越来越重要，而 Salt 本身也支持高可用。

内置的高可用配置

Salt 内置有一些配置项用于处理多 Master，但可能比你预期的更短小、更简单。有趣的是，事实上所有相关配置项都在 Minion 上，Master 在 Salt 本身内部不保存任何相关配置项。我们待会讨论这个问题。

首先，让我们先讨论一下 Minion 的配置。通常情况下，Minion 在它们自己的配置文件中有一个单独的 Master 定义：

```
master: 10.0.0.10
```

但是，也可以使用一个 Master 列表来替换：

```
master:
  - 10.0.0.10
  - 10.0.0.11
```

对单个 Minion 可以定义多少个 Master 没有强加限制。但是，一旦 Master 列表修改了，Minion 必须重启以应用新的配置。

Master 本身不需要知道基础设施中的其他 Master。但是，所有的 Master 应该尽可能保持所有的配置都是一致的。它们必须共享全部相同的公钥/私钥对，并且应该同步 Minion 公钥。其他在 /etc/salt/ 或 /srv/ 目录下的文件必须也相同。

Salt 目前还不支持在 Master 之间同步文件；这是由管理员自定义和实现他们自己的工作流。但是，大多数工作可以用其他 Salt 的子系统来完成，我们将在稍后讨论。

传统的高可用方式

在 Salt 拥有单个 Minion 设置多个 Master 的功能之前，依然可以设置一个多 Master 的环境，只不过需要在 Salt 之外做一些工作才行。

当一个 Minion 指向一个 Master 时，目标地址可能是一个 IP 地址（比如说，10.0.0.10）或是一个 DNS 解析的主机地址（比如说，saltmaster 或 saltmaster.example.com）。这两种地址类型都可以映射到多个服务器节点上，这些技术已经存在很多年了，甚至几十年前都有了。

DNS 轮询

DNS 可能是最早的将单一地址映射到多个机器的方法。天生支持多个 IP 地址分配到一个记录名。当一个客户端向一个 DNS 服务器发起请求，解析指定的主机名到一个 IP 地址时，DNS 服务器会给客户端提供一个 IP 地址列表。客户端可以自行挑选使用哪一个 IP 地址，通常是第一个。当其他客户端发起同样的请求时，同样会提供一个相同的列表，但列表次序是不同的。

通过循环配置好的地址池，负载被有效地分散到各个服务器上。这个技术称为 DNS 轮询，并且也常被叫作穷人的负载均衡器。虽然远非完美，但通常工作得当。

尽管有点微小的蔑称，但是 DNS 轮询机制仍有它独到的地方。仍有海量的基础设施依然沿用这种风格的 DNS，只不过配置更高级了，配合了更智能的软件，可以根据分析目前的传输信息和模式的结果决定哪个 IP 地址给客户端最好。

基于 IP 的负载均衡

Salt 最初的一个设计目标是 Minion 无须依赖 DNS 就可以到达它们的 Master。这是因为，尽管 DNS 在现代互联网至关重要，但它仍有很多缺点，这是由 DNS 必要的层级性质决定的。因为 DNS 基于一系列的查询结果，可能只是解决一个地址就要持续在好几个 DNS 服务器之间同步，当 Minion 试图保持和 Master 之间的连接时，有一些环节可能已经坏掉。

幸运的是，DNS 并不是映射单个地址到多台主机的唯一方式。有很多开源或商业的负载均衡器都可以映射一个或多个公共 IP 地址到一个或多个私有 IP 地址。根据使用的解决方案，可能像轮询方式一样简单，也可能像实时监控负载并相应地提供通信路线一样高级。

现在是时候指出，当我们谈论一个公共的 IP 地址时，我们并不是指一个面向互联网的 IP 地址。我们谈论的 IP 地址是一个需要暴露给客户端的 IP 地址。比如 Master 1 的地址是 10.0.0.11，Master 2 的地址是 10.0.0.12，它们通过负载均衡器共享的公共地址是 10.0.0.10。

同步文件

无论你是直接配置 Minion 指向多个 Master，还是使用一个共享地址的解决方案，亦或者是一些结合方案，目前都需要解决 Master 之间同步文件的问题。

在我们讨论如何保持文件同步之前，让我们先讨论一下哪些文件需要保持同步，为什么需要保持同步，以及这里面哪些文件是我们实际需要特别关注的。

基础配置文件

在/etc/salt/目录下，有一组基础文件是 Salt 每次运行时首先需要的。这些构成了大部分我们需要关注的文件。这些文件如下所示。

- /etc/salt/master
- /etc/salt/master.d/*.conf

master 文件，以及任何在 master.d/ 目录下以 .conf 为扩展名的文件，共同组成了 Master 配置。在技术上这些文件都不需要存在；如果它们都不存在，那么将使用默认的 Master 配置。但是，一些外部 Pillar、缓存和文件系统，默认情况下没有配置。因为那些东西对于一个高可用设置是很重要的，所以最好管理起来。

幸运的是，一旦这些文件调通，很少需要修改。然而当你管理这些文件的时候，你不可避免地需要手工介入，除非你通过一些其他额外的程序管理这些文件，这些程序需要定期地、自动地做出修改。

- /etc/salt/pki/

这是密钥存放的路径，无论对于 Master 还是 Minion 都是这个路径。保持这个目录在 Master 之间同步至关重要，使得当一个新密钥被接受（accept）的时候，甚至更重要地，当从某个 Master 移除一个密钥的时候，其他 Master 尽可能快地知道这个变更。

- /etc/salt/cloud
- /etc/salt/cloud.profiles
- /etc/salt/cloud.profiles.d/
- /etc/salt/cloud.providers
- /etc/salt/cloud.providers.d/
- /etc/salt/cloud.maps.d/
- /etc/salt/cloud.deploy.d/

以上所有的文件和目录都属于 Salt Cloud，而且它们的必要性和管理的多样性随着组织的需求而定。由于 Salt Cloud 被设计成自动接受（accept）Master 上的密钥，所以很多组织只在 Master 上选择使用 Salt Cloud。其实，也可以从 Minion 上给 Salt Cloud 发送命令，并且越来越多的用户决定转向这种方式，并在 Salt Cloud 外部解决密钥管理问题。

如果你根本没在 Master 上使用 Salt Cloud 的话，那么这些文件可以直接忽略。如果你在 Master 上用了，那么其实保持这些文件同步也没那么重要。这些文件只是在发送 Salt Cloud 命令，并且除非是 Salt Cloud 被一个自发的进程如反应器（Reactor）调用时才会用到，这些文件可以在需要用到时才手工同步。

- /var/cache/salt/

这个目录被 Salt 内不同进程所使用，包括 Master、Minion、Salt Cloud，以及其他进程。Salt Cloud 使用这个目录主要为了提升性能。但是，如果在 /etc/salt/cloud 中将

`diff_cache_events` 设置为 True，并且反应器也配置了使用那些事件的话，那么保持 /var/cache/salt/cloud/ 同步将和保持 /etc/salt/pki/ 同步同等重要。

在 /var/cache/salt/master/ 中的文件对于那些使用 Salt 的多种任务查询功能的程序很重要。如果你使用多 Master 环境，那么这些功能不但要用到，而且十分重要。幸运的是，任务缓存可以卸载到其他服务器或服务中，被多 Master 环境共享。我们将会在本章稍后的内容（掺入外部数据源一节）中涉及外部任务缓存的内容。

- /srv/salt
- /srv/pillar/
- /srv/reactor

是否有使用这些目录，使用的有多少，这要取决于你的应用场景。但是，如果你有使用它们，那么在 Master 间保持它们同步是非常重要的。

好消息是 /srv/salt/ 可以通过 Salt 的外部文件系统驱动进行提供，/srv/pillar 也可以使用 Salt 的外部 Pillar 驱动进行提供。相关内容我们将会在接下来的章节中进行讨论。

坏消息是 /srv/reactor/ 目录目前 Salt 中并没有相关驱动来提供。但是并不是说反应器（Reactor）只能保存在 Master 本地 /srv/reactor/ 目录。推荐这么命名只是让它看起来清晰易懂。这些文件可以轻松地存储在其他地方，如 /srv/salt/reactor/，虽然它下边的文件并不用于 State 系统。

- /var/run/salt

存储在这里的文件是针对个体主机的，不应该被同步。

同步非外部（nonexternal）文件

正如我们说的那样，有些文件可以在外部管理，等会我们就会谈及这个问题。但是现在，先让我们看一些需要在 Salt 之外管理的文件。

公平地讲，大多数基础设施都会在 Master 上设置一个 Minion。在这种情况下，任何在 /etc/salt/ 目录下（/etc/salt/pki/ 之外的目录）的文件都可以被一个 Salt State 所管理，这意味着这些文件都可以使用一个 Salt 的外部文件系统驱动器所存储。如果你的基础设施满足这种模式，那么这将极大地简化这些文件的存储和管理。

如果这种模式不合你的场景，那么你需要看看是否有某些选项需要 /etc/salt/pki/ 去处理其余在 /etc/salt/ 目录下的文件。

最简单的一种设置方式，可以将/etc/salt/（或只有/etc/salt/pki/）挂载到 Salt 之外的一个外部文件系统，比如 NFS 或 SMB。但是，由于这种策略受制于网络条件，你可能会发现，由于一个网络节点或传输过程异常会导致 Salt 稳定性降低或消失。

尽管配置起来比较麻烦，但是更好的方式是复制这些目录中的文件到本地维护起来，并设置一个手动或自动的过程，维持所有 Master 的一致性。

使用 rsync

周期性地在 Master 之间执行 rsync 命令是非常有效的。设置一个 cron 定时任务将最终保持 Master 之间的数据一致性，在大多数场景下是够用的。下面的 cron 配置行将会每 5 分钟从一个 Master 到其他节点同步一次文件：

```
*/5 * * * * rsync -avz /etc/salt/pki/* othermaster:/etc/salt/pki/
```

在每个 Master 上设置类似于这样的 cron 配置行是通往最终一致性这个目标的一步。但是，rsync 定期运行将是一个繁重的过程，对于超多数量的文件更是如此。更糟糕的是，如果 Master 之间不同步将导致密钥在多个目录下出现，会将 Minion 同时处于 *Accepted* 和 *Unaccepted* 状态。幸运的是，Salt 可以给我们提供更加智能的在 Master 之间复制文件的能力。

使用事件反应器（event Reactor）

最好是只在需要执行同步的时候才执行，并且理想情况下应该是尽可能快速地执行完毕。由于密钥管理会触发事件，所以可以使用事件监听器让我们知晓何时密钥发生了变化，这样我们就可以尽快传送这些变更。

如果你向事件监听器发送事件，接受和删除 Minion 的密钥，那么你应该看到的事件像是这样：

```
Event fired at Thu Jun        4 17:34:18 2015
*************************
Tag: salt/key
Data:
{'_stamp': '2015-06-04T23:34:18.583865',
 'act': 'accept',
 'id': 'testminion',
 'result': True}
```

```
Event fired at Thu Jun          4 17:35:50 2015
*************************
Tag: salt/key
Data:
{'_stamp': '2015-06-04T23:35:50.853794',
 'act': 'delete',
 'id': 'testminion',
 'result': True}
```

很可能你只需要为密钥管理处理两个事件（除非你有一个主动策略拒绝密钥，这将引发一个值为 reject 的 act），让我们继续开始构建基于这些事件的反应器（Reactor）。

首先，我们需要在/etc/salt/master 文件中映射"reactor"标记到一个 Reactor 文件：

```
reactor:
  - salt/key
    - /srv/reactor/saltkey.sls
```

然后，我们需要创建/srv/reactor/saltkey.sls 并加入以下内容：

```
{% set minion = data['id'] %}
{% set pkidir = '/etc/salt/pki/master' %}
{% if data['act'] == 'accept' %}
copy_accepted_key:
  cmd.cmd.run:
    - tgt: master1
    - name: scp {{pkidir}}/minions/{{minion}} master2:{{pkidir}}/minions/

remove_unaccepted_key:
  cmd.file.remove:
    - tgt: master2
    - name: {{pkidir}}/minions_pre/{{minion}}
{% elif data['act'] == 'delete' %}
{% for keydir in ('minions', 'minions_pre', 'minions_rejected') %}
delete_{{keydir}}_key:
  cmd.file.remove:
    - tgt: master2
    - name: {{pkidir}}/{{keydir}}/{{minion}}
{% endfor %}
{% endif %}
```

Jinja 再一次立功了。让我们回看一下上面的代码发生了什么。

首先，我们定义了 Minion 的 ID。我们从事件提供的 data 中的 id 字段获取到了 ID。我们也可以跳过这一行，直接在整个文件中引用 data['id']，但是加上这一行会提高些许可读性，并在之后如果我们需要改变这个变量的行为的时候带来更多灵活性。我们对于 PKI 目录也做了同样的事情，定义这个目录为 pkidir。

然后我们检测了一下是否我们是在处理一个密钥的接受或删除。如果一个密钥被接受，我们会执行两个任务：复制密钥文件到目标 Master 的 minions/ 目录，然后确保该文件在 minions_pre/ 目录被删除。

这里临时处理了一下 salt-key 命令，但是并没有真正执行！首先，上述 Minion 可能还没尝试连接到其他 Master，因此，第一时间并没有一个密钥接受的过程。但更重要的是，由于每个 Master 都会使用这个反应器配置，在所有其他的 Master 上发送 salt-key 命令将会触发成无限循环，将严重影响所有的 Master，甚至可能影响到网络。

如果密钥不是被接受，而是被删除，那么我们只需要确保这个密钥被所有其他的 Master 剔除即可。该密钥需要 3 个目录都剔除，所以我们用了一个循环遍历这些目录。这里的顺序很重要：我们想要确保在其他两个目录移除之前，要删除的 Minion 不能再接收任务。

掺入外部数据源

我们已经处理了 Salt 密钥同步的问题，但是我们还有一些其他需要在 Master 之间分发的目录。让我们先从每次 Master 发送命令到一个或多个 Minion 时都会经过的一个组件开始：任务缓存（job cache）。

外部任务缓存

在我们深入这个组件之前，先让我们回顾一下 Master 的任务缓存（Master job cache）。

1. 当发送一条命令时，会在 Master 上创建一个任务 ID（JID）。
2. 关于该任务的信息会存储于任务缓存中，比如是什么命令，以及参数和影响哪些 Minion 等。
3. 任务数据会发送到消息队列中，受影响的 Minion 会取出数据并且按照请求方式执行。
4. 当每个 Minion 完成任务时，会将返回的数据发送回 Master，并同样存储于任务缓存中。
5. 如果 Salt 命令仍在运行，会获取到任务数据并且展示给用户。

按照这种工作流程，Minion 总是返回数据到 Master，无论 salt 命令是否能接收到。Master 会将返回数据缓存起来，以便今后可以回查。

在 Minion 上使用 Returner

如果我们在这个流程节点中引入 Returner，那么 Minion 除了将返回数据发送给 Master 之外，还会发送到一个外部的数据源中。在这种场景下，由于 Minion 需要连接到一个数据源，所以需要为数据源配置连接选项。例如，使用 redis，那么可能需要在 Minion 的配置中加入下面的内容：

```
redis.db: saltdb
redis.host: saltdb.example.com
redis.port: 6379
```

想要使用 Returner，需要在发送 salt 命令时指明：

 # salt '*' disk.usage --return redis

任何 Salt 自带的 Returner 都可以以这种方式使用。所有会发送到外部数据库的 Returner 都会返回任务相关的数据。这对于监控风格的任务很有用，Minion 不断地获取系统关键指标信息，如磁盘或内存用量。使用一个外部数据库存储这些信息可以在以后使用其他类型软件做分析。

Master 可以配置成强制所有 Minion 总是返回数据到一个外部数据存储。但是，这将给原有的流程引入一大堆的变更。当配置了一个默认的 Returner 时，所有的任务数据都会发送给它，并非只有返回的数据。但并不是每个 Returner 都能这么用。截止 2015.5 版本，可以这么用的 Returner 有：

- couchbase
- couchdb
- etcd
- influxdb
- memcache
- mongo
- mysql
- odbc

- pgjsonb（使用 jsonb 数据类型的 Postgres）
- postgres
- redis
- sqlite3

你可能已经注意到，在这么多 Salt 自带的 Returner 中，只有这些适合作为外部任务缓存使用。那是因为一些 Returner 被设计用于只写（write-only）的 Salt 相关的系统中。举例说明，当任务数据发送到 Slack 服务的 Returner，那么会被发送到一个聊天室，之后将不能被 Salt 查询到。当任务数据发送到 Nagios 包的 returner 时，那么将仅能用于监控和告警。

为了在默认情况下将任务数据发送到一个外部的数据源，ext_job_cache 必须在 Master 配置文件中指定。这只能设置为传递给使用--return 标记的同名参数：

```
ext_job_cache: redis
```

设置过之后，每次 Minion 都会直接发送数据到外部数据源。当 Master 同样配置了和 Minion 相同的 Returner 认证方式时，那么任务 runner 同样可以访问外部数据存储，获取任务相关的数据。

很多管理员可能觉得将数据库认证方式直接存储在 Minion 配置文件中是有隐患的，因为显而易见，任何有权限访问到 Minion 的人都可以看到这些内容。像 redis 和 etcd 这样的 Returner 可能更成问题，因为它们没有认证，因此允许所有人自由访问。

其他一些 Returner 可能能缓解一下这样的担忧。很多可用的数据库有限制访问权限的能力，基于访问数据库时使用的认证方式，可以限制读或覆盖数据的权限在一个数据库之内。现在已经有了更好的解决方法。

使用 Master 的任务缓存

自 2014.7 版本以后，Salt 引入了一个新功能，Master 可以直接存储任务（job）返回的数据到外部数据存储中，无须请求 Minion 做这样的事。那些担心在 Minion 上存储数据库凭证的管理员现在可以放心了，现在只有 Master 上才拥有这些凭证信息。

为了实现这个目的，需要在 Master 配置文件中设置 master_job_cache 选项，指向 Minion 上配置的 ext_job_cache 同样的 Returner：

```
master_job_cache: redis
```

请记住一点，默认情况下，Minion 仍会访问 Master 配置数据中名为 Master 的 Pillar。为了保持该信息从 Minion 获取，可以从 Master 配置文件中关闭 pillar_opts 选项：

```
pillar_opts: False
```

 注意这个选项的默认值有变化。在 2015.5.0 版本以前，是 True。自 2015.5.0 版本起，默认 False。

当这些选项在所有的 Master 都配置完毕后，/var/cache/salt/ 目录下的内容的同步性很重要，需要立即（并不只是最后）让所有的 Master 可用。

外部文件系统

下一个需要使所有 Master 可用的是 /srv/salt/ 下的文件及目录。事实证明，许多管理员认为最佳的选择是只有一个 Master，但是尽可能将这个目录结构共享给其他所有的 Master 也是一个好的选择。

GitFS

第一个在 Master 本地文件系统之外提供了存储文件功能的组件是 gitfs 驱动器。该功能立即流行开来，以致 Salt 重构了整个文件系统模块，以便允许其他驱动器同样可以添加进来。

GitFS 简直是上帝的恩赐，因为太多的组织都总倾向于使用软件版本控制系统保存他们所有的代码，比如 Git，Salt 也可以直接访问版本库，所以消减了大量的工作。

随着时光的流逝，一大堆的新特性已经加入到这个驱动器中。所以，让我们首先来看看基本用法，然后再看看华丽的高级特性。

外部文件系统需要在 Master 配置文件中使用 fileserver_backend 选项指定。默认情况下，该选项设置为 roots，即是 Master 的本地文件系统，用于管理文件的那个驱动器：

```
fileserver_backend:
  - roots
```

要从本地存储切换到基于 Git 的存储，修改 roots 这一行为 gitfs：

```
fileserver_backend:
  - git
```

在我们进行 gitfs 剩余的配置项之前，需要指出其实是可以指定多个文件服务器后端的，它们将按照书写顺序进行搜索：

```
fileserver_backend:
  - git
  - roots
```

当一个文件被请求时，Salt 将按照书写顺序依序检索每个外部文件服务器，直到请求的文件被找到时停止。

一旦后端文件服务器被配置，那么 Salt 就必须要知道去哪找 Git 仓库。

```
gitfs_remotes:
  - git://github.com/mycompany/salt.git
```

这是最简单的配置了，该配置将设置 Git 仓库的根充当本地文件系统的 /srv/salt/。

git:// 形式的 URL 并非 GitFS 唯一支持的协议。你同样可以使用 https://、file:// 或 ssh:// 这样的远程 URL 格式。

通过设置 fileserver_backend，可以指定多个远程 Git 仓库，同样当请求一个文件时，Salt 会依声明顺序遍历每个仓库搜索指定的文件。

自 2014.7 版本起，增加了大量的选项，这些选项允许分别为每个 Git 仓库指定不同的配置。包括以下这些选项。

- base
- root
- mountpoint
- user
- password
- insecure_auth
- pubkey
- privkey
- passphrase

现在有大量不同的后端驱动程序可以增强 GitFS 的功能。base、root 和 mountpoint 选项都能跨所有驱动程序使用。但是剩余其他的选项只能在 pygit2 驱动器下使用。为了确保你使用了 pygit2 驱动器，可以通过 gitfs_provider 进行指定：

```
gitfs_provider: pygit2
```

其中一些选项的作用可能不那么明显，所以让我们继续深入，看看它们如何使用。

base

正如你从 Salt State 配置中所了解到的那样，Salt 默认环境叫作 base。其他环境有 dev、qa、prod 等，通常都是在 top.sls 文件中配置的。使用 GitFS 后，这些环境都可以通过 tag 或分支来代替。比如在 prod 分支的文件将使服务器工作在 prod 环境，诸如此类。

无须强制用户创建一个名为 base 的分支或 tag 来提供这些文件，base 选项可以用于指定一个不同的分支。举例说明，如果你需要在你的 base 环境使用 trunk 分支内的文件，你的配置应该看上去像这样：

```
gitfs_remotes:
  - git://git.example.com/myproject.git:
    - base: trunk
```

 注意如果 base 没指定，那么默认将使用仓库的 Master 分支，无论该分支是否存在。

root

通常，当 Salt 从 Git 获取文件时，仓库的 root 表现得就像 /srv/salt/ 一样。这可能不符合实际情况，仓库的组织结构可能并非这样组织的。比方说，在你的仓库的目录树结构是这么设置的，/salt/states/ 目录的作用才是 /srv/salt/，你可以重定向 root 指向目标目录：

```
gitfs_remotes:
  - git://git.example.com/myproject.git:
    - root: salt/states/
```

mountpoint

有时候，你需要的并不是 root 选项提供的目录。可能你希望仓库的根目录展示的是 Salt 内更深层次的目录结构。使用 mountpoint 将会在仓库根目录的开始追加一个虚拟路径。举例说明，比方你的仓库有一个叫作 https.conf 的文件，就在仓库的 root，你需要它作为 /srv/salt/apache/files/httpd.conf 这个文件。你的配置可能看起来像这样：

```
gitfs_remotes:
  - git://git.example.com/myproject.git:
    - mountpoint: salt://apache/files
```

user 和 password

当使用 https:// 这种 URL 模式的 Git 仓库时，可能需要用户名和密码认证。可以通过使用 user 和 password 选项传递这些参数：

```
gitfs_remotes:
  - https://git.example.com/myproject.git:
    - user: larry
    - password: 123pass
```

insecure_auth

默认情况下，Salt 会拒绝认证 http:// URL 模式的仓库。为了强制 Salt 认证这种不安全的传输方式，需要设置 insecure_auth 为 True。

```
gitfs_remotes:
  - http://git.example.com/myproject.git
    - user: larry
    - password: 123pass
    - insecure_auth: True
```

pubkey、privkey 和 passphrase

一般说来，使用 SSH 的 Git 仓库用的是 git:// 模式的 URL。然而，Git 也可以配置成使用类似 SSH 的语法访问仓库。以下两种定义的功能是等同的：

```
https://git@git.example.com/user/myproject.git
git@example.com:user/myproject.git
```

使用基于 SSH 协议的 Git 需要身份认证，并且基于密钥认证的方式就是其中一种。pubkey 和 privkey 选项分别用于指定公钥和私钥文件的路径。

```
gitfs_remotes:
  - git://git.example.com/myproject.git:
    - pubkey: /root/.ssh/myproject_rsa.pub
    - privkey: /root/.ssh/myproject_rsa
```

如果私钥被密码保护，可以使用 passphrase 选项指定：

```
gitfs_remotes:
  - git://git.example.com/myproject.git:
    - pubkey: /root/.ssh/myproject_rsa.pub
    - privkey: /root/.ssh/myproject_rsa
    - passphrase: 123pass
```

这些选项均可以被指定为全局配置，添加前缀 gitfs_ 即可。如果这么做了，那么这个选项将被所有 GitFS 远程仓库使用，但是全局配置也可以被局部配置覆盖，可见前面的代码。举个例子，使用 trunk 作为 base 环境的全局分支，但是想在最后一个远程仓库中使用 develop 分支覆盖全局配置，那么你的配置可能看起来像这样：

```
gitfs_base: trunk
gitfs_remotes:
  - git://git.example.com/myproject.git
  - git://git.example.com/yourproject.git
  - git://git.example.com/ourproject.git:
    - base: develop
```

其他源码控制后端

截至目前，最流行的文件服务器后端是 GitFS，所以最多的时间和最多的特性都是花费在了这个文件系统上。当然，它并不是游戏中的唯一玩家。**Subversion（SVN）**和 **Mercurial（HG）**可以分别使用 svnfs 和 hgfs 来驱使。两者都有许多可用于 GitFS 的选项，但略有不同。

SVNFS

想要使用 SVNFS，必须配置文件服务器后端为 svn：

```
fileserver_backend:
  - svn
```

同样必须配置一个指向远程 SVN 仓库的 URL：

```
svnfs_remotes:
  - svn://svn.example.com/myproject
```

以下选项同样可以加到任意一个 svnfs_remotes。

- root

- mountpoint

- trunk

- branches

- tags

像 GitFS 一样，这些选项都可以通过添加前缀 svnfs_ 成为所有 SVN 仓库的全局配置。

root 和 mountpoint

root 和 mountpoint 选项的行为和 GitFS 的一样，但是其他 3 个选项需要一些解释说明。

trunk

SVN 基于一个 trunk，其他分支均从此处演化。该选项指定 trunk 所在，与 SVN 远程 URL 的仓库相应。默认值 trunk：

```
svnfs_trunk: trunk
```

branches

此外，要与 SVN 远程 URL 的仓库内分支存放的路径相对应。默认值 branches：

```
svnfs_branches: branches
```

tags

最后，SVN 的 tags 同样要与 SVN 远程 URL 仓库相对应。正如你所料，默认值 tags：

```
svnfs_tags: tags
```

如 GitFS 一般，环境配置同样可以映射到 tags 和 branches。但是，一个仓库可以包含大量的 tags 和 branches，限制 Salt 可用的 tags 和 branches 的数量可以提高一些性能。

这个需求可以通过使用 svnfs_env_whitelist 或 svnfs_env_blacklist 选项来完成。它们都如人们预期的那样运作：不在白名单（whitelist）的项将不可用，在黑名单（blacklist）的项同样不可用。

这两个列表的项都可以指定为完全匹配，或指定通配符匹配，亦或者是正则表达式：

```
svnfs_env_whitelist:
  - oldproject
  - accounting.*
  - 'sales19\d+'
```

这两个选项可以一起使用。如果这么做的话，白名单将优先匹配，然后在黑名单中匹配的项将会被移除。

HGFS

当然了，我们不可能忽视用 Mercurial 作为文件服务器后端，否则是我们的失职。为了使用这个驱动器，需要将文件服务器后端设置为 hg：

```
fileserver_backend:
  -hg
```

然后使用 hgfs_remotes 选项设置 Mercurial 仓库：

```
hgfs_remotes:
  - https://larry@hg.example.com/larry/myproject
```

正如 SVNFS 一样，以下选项全局可用。

- hgfs_root
- hgfs_base
- hgfs_mountpoint
- hgfs_env_whitelist
- hgfs_env_blacklist

一旦声明了以上全局选项，root、base 和 mountpoint 都可以在每个仓库配置中单独覆盖。

还有一个特定于 HGFS 的全局选项可用：hgfs_branch_method。此选项可以指定 branch 或 bookmarks，亦或者两者同时指定，将会连同 tags 一起共同配置 Salt 运行环境。此选项可用设置如下。

- branches
- bookmarks
- mixed

S3FS

版本控制系统并非 Salt 搭载的唯一的外部文件系统驱动器。在 GitFS 加入没多久后，S3FS 驱动器就被提交到代码中了。该驱动器被证实了在 Amazon Web Services 的客户群体中十分受追捧。

在我们开始配置这个驱动器之前，需要注意：此驱动器不提供版本控制功能。当处理基于文本的文件时，我强烈建议将这些文件全都存入（checked into）某种版本控制系统中。在任何生产环境中，相比仅用 Master 本地文件系统来说，这都具有更多优势。

但是，二进制文件不适合存储在版本控制系统中。这会使仓库笨重而且速度慢，也不能像文本文件那样适当管理。此时使用 S3FS 这样的驱动器就再合适不过了。

想要使用这个驱动器，把 s3fs 添加到文件服务器后端列表中即可：

```
fileserver_backend:
  - s3fs
```

同时必须提供连接到 S3 的身份认证。从 Amazon 收到这些认证信息之后，加入 Master 配置文件如 s3.keyid 和 s3.key 中即可：

```
s3.keyid: 0123456789ABCDEF0123
s3.key: abcdefghijklmnop/0123456789qrstuvwxyz
```

有两种方式将你的 S3 bucket 设置到服务文件中：一个环境一个 bucket 或多个环境一个 bucket。

一个环境一个 bucket

最简单明了配置 S3FS 的方式，并且在 bucket 创建之初就需要考虑到的，就是将每个 bucket 都当作单独的环境用。在这种模式下，每个环境，以及属于该环境的 bucket，都可以使用 s3.buckets 选项指定：

```
s3.buckets:
  base:
    - code
    - design
  prod:
    - prod_code
    - prod_design
```

多个环境一个 bucket

可能把所有的环境都保存在一个单独的 bucket，或一组关联的 bucket 更有意义。这就要求 bucket 预先设置好包含环境命名的目录。首先，在 s3.buckets 列表中列出 bucket：

```
s3.buckets:
  - code
  - design
```

然后，创建这些 bucket（在该例中，一个叫 code，另一个叫 design）。在每个 bucket 中，每个环境创建一个目录（在我们的例子中，是 base 和 prod）。接下来，像平常一样将文件存入这些目录。

下来需要你将目录树结构提取成 s3:// URL 模式，在我们的例子中，文件结构看起来会像这样：

```
s3://code/base/<files>
s3://code/prod/<files>
s3://design/base/<files>
s3://design/prod/<files>
```

AzureFS

Azure 同样是不输于 Amazon 的云存储解决方案，目前也可以作为 Salt 的外部文件系统。

想要使用 AzureFS，把 azurefs 加入到文件服务器后端列表即可：

```
fileserver_backend:
  - azurefs
```

但是，这个驱动器有些不同，因为 Azure 存储和 S3 有差异。首先，Azure 使用的是存储容器（storage container），不是 bucket，所以这里我们称它们为 container（不要和 Docker 以及 CoreOS RKT 这样的容器系统搞混）。其次，AzureFS 只允许一个环境一个 container 这样的配置。

Azure 配置中访问的每个容器都在 storage_account 中，storage_key 用于访问容器时身份验证。

```
azurefs_envs:
  base:
```

```
    storage_account: development
    storage_key: 0123456789abcdefABCDEF==
```

外部 Pillar

最后一个可以移到外部服务中的组件是 Pillar 系统。让我们首先复习一下基本配置。要使用一个外部的 Pillar 驱动器，添加该驱动器到 Master 配置中的 ext_pillar 列表：

```
    ext_pillar:
      - cmd_json: /usr/bin/mypillar
```

每个 Pillar 的声明都有两个部分：模块名（在该例中，是 cmd_json）和传递给驱动器的参数（在该例中，是 /usr/bin/mypillar 命令，并期望以 JSON 格式返回 Pillar 数据）。

现在有大量外部的 Pillar 可用——实在太多了，我们没法都介绍一遍。所以只挑一些主要的 Pillar，可能会用于你组织中的那些来介绍。

 所有可用的 Pillar 列表可以在线查看 http://docs.saltstack.com/en/latest/ref/pillar/all/index.html。

cmd_yaml/cmd_json

这两个 Pillar 可能对扩展到多 Master 环境没太大用，但是它们对于演示 Pillar 系统的工作机制十分有效。

这两个模块的参数都是一个命令，分别以 YAML 和 JSON 格式返回数据字典。如果命令中包含 %s，那么将会被请求 Pillar 数据的 Minion 的名字所替换。

举例说明，下面的代码将给所有的 Minion 返回数据：

```
    cmd_json: cat /srv/pillar/common.json
```

下面的代码将搜索针对于请求者的 Pillar 数据：

```
    cmd_json: cat /srv/pillar/minions/%s.json
```

这两个模块对于初体验外部 Pillar 系统的工作机制很不错。但是，想要向外扩展（scaling out），还需要看看更多、更先进的外部 Pillar。

掺入外部数据源

git

毋庸置疑，其中一个最流行的外部 Pillar 用的就是 Git 仓库。不过，这个模块的配置和 GitFS 的有些不太一样。

有两个参数是必需的：要使用的仓库中的分支，以及仓库的 URL。例如：

```
ext_pillar:
  - git: master git://git.example.com/myproject.git
```

像 GitFS 一样，也可以指定一个可选参数 root：

```
ext_pillar:
  - git: master git://git.example.com/myproject.git root=code
```

该例中，code 代表 Git 仓库中一个叫作 code 的目录。

如果你想指定 branch 映射到一个不同的环境名，你可以同时指定分支名和环境名，通过冒号分开：

```
ext_pillar:
  - git: master:base git://git.example.com/myproject.git
```

有几个不同的方式可以设置成分支名，即为环境名。如果指定了一个特殊的分支 __env__，那么每个分支名将自动被映射成同名的环境名。

```
ext_pillar:
  - git: __env__ git://git.example.com/myproject.git
```

如果你不想将仓库中所有的分支都暴露出去，成为同名的环境，那么最好逐一定义这些分支，根据实际情况添加 branch 到对应的环境中：

```
ext_pillar:
  - git: master:base git://git.example.com/myproject.git
  - git: dev git://git.example.com/myproject.git
  - git: prod git://git.example.com/myproject.git
```

redis

redis 模块和 Pillar 数据简直是天作之合，因为 redis 本身用键/值对类型存储数据，Pillar 数据也是如此。

如果你已经将 redis 用于外部任务缓存，你可以在 Master 配置中再次使用同样的连接设置：

```
redis.db: 0
redis.host: 10.0.0.5
redis.port: 6379
```

然后，配置数据如何从 redis 中取出。存入 redis 中的数据可以是 JSON 对象、字符串、hash 或 list 中的一种。

如果存储的数据是 JSON，那么外部 Pillar 声明将如下：

```
ext_pillar:
  redis: {function: key_json}
```

 注意一下，该例和本书中其他例子不一样，需要逐字逐句、原原本本地输入到你的配置文件中。

以这种类型存储数据的话，JSON 对象的 key 就是请求 Pillar 数据的 Minion 名。如果数据库中无此对象，将返回空字典（dictionary）。

如果数据以字符串、hash 或 list 存储的话，那么外部 Pillar 声明将是如此：

```
ext_pillar:
  redis: {function: key_value}
```

同样地，这个配置也用的是确切配置，非占位描述。并且也一样，用于访问数据的 key 必须匹配请求的 Minion 名。

mysql

mysql 模块可能看起来并不如 redis 那么自然，因为 SQL 通常并不作为键/值对考虑。但实际上，并非如此。SQL 已经包含了键/值对的概念，正好可以用 key 名作为字段，以行组织数据。

想用这个模块的话，必须在 Master 配置中详细指定连接参数：

```
mysql:
  user: salt
  pass: 123pass
  db: saltdb
```

然后，配置 mysql Pillar 用于收集数据库中数据的查询条件：

```
ext_pillar:
  mysql:
    fromdb:
      query: 'SELECT role FROM minions WHERE id LIKE %s'
```

使用 Master API

Master API 对于习惯了传统 UNIX 术语的用户来说，可能容易混淆。因为 Master 用于管控整个 Salt 基础设施，而 API 用于配置一个叫作 wheel 的系统。说得再明白点，Salt 的 wheel 系统和很多 UNIX 以及 Linux 发行版的 wheel 组没有任何关系，也没有任何相似的地方。

像很多 Salt 的子系统一样，wheel 系统是插件式的。不过，虽然也有很多模块存在，但多数模块对于大部分最终用户来说基本用不到。我们来关注那些可能用到的模块。

Salt 密钥

管理员最常见的 wheel 系统的部分就是密钥管理。当密钥被 accepted、rejected 或 deleted 时，这些行为通常都是被 wheel 系统执行的。实际上 key 模块并没做太多事情：当需要时创建密钥，按照请求在目录之间移动密钥，最后在完成操作的时候向事件总线发送事件。

配置

config 模块用于管理 Master 配置文件。同样地，该模块做的事情非常少：可以在 Master 配置文件中写入一个或多个值，并且可以返回配置文件的内容。警告：当此模块用于修改 Master 配置时，文件中的任何注释部分将被去除。如果你想保留这些能帮助你配置的友好注释，那么最好避免使用这个模块。

关于此模块还有一个重要的注意事项：尽管此模块管理着配置文件，但它并不管理 Master 内部配置。一旦配置文件修改了，Master 依旧需要通过重启使配置生效。

file 和 Pillar roots

file_roots 和 pillar_roots 模块的行为大致是相同的，唯一功能上的区别是操作的目录不同。它们都支持搜索文件，列出环境配置和读写文件内容。顾名思义，它们设计用于本地文件、非外部文件系统和外部 Pillar。

使用 wheel 反应器

那么，这些模块的好处是什么呢？同样地，绝大多数命令都会用到 key 模块，可能满足你需求的其他模块中，就有一小部分用例用到了这个模块。

当在 Master 上接受密钥时，会根据你的需求做出一些逻辑处理，为了安全性仅允许密钥来自可信的 Minion，从 Master 上删除 key 总是安全的，至少从安全角度来看的确如此。尽管接受了错误的 key 可能导致恶意 Minion 进入你的基础设施，但是删除错误的 key 却没事。

可以检测到有这样的过程，将要被删除的 Minion 的 key 可以触发一个事件，该事件触发了删除 key 操作。现在，我们先假设这个过程可以发送一个标准的 Salt 命令。举个例子，一直负责监控的 Minion，可能会发送以下的命令：

```
salt-call event.fire_master '{"id": "myminion"}' custom/key/myminion/
delete
```

在 Master 端，此标记会映射到一个反应器文件：

```
reactor:
  - custom/key/*/delete
  - /srv/reactor/deletekey.sls
```

在 /srv/reactor/deletekey.sls 文件中，调用 wheel 系统删除 Minion 的 key：

```
delete_minion_key:
  wheel.key.delete:
    - match: data['id']
```

基础设施的压力测试

目前我们已经探讨了多种向外扩展基础设施的方法，你也许想知道你的基础架构的承载能力到底怎样。

使用 Minion Swarm

Minion Swarm 最初是用于测试可执行模块的性能的。直到今天依旧可以如此使用，但同样也可以用来模拟大量的 Minion 测试 State 树的性能。

 minionswarm.py 脚本不再包含在任何 Salt 软件包之中，但是仍然可以从 Salt 的 GitHub 仓库中的 tests/ 目录下载，仓库地址：https://github.com/saltstack/salt。

Minion Swarm 脚本设计用来创建用户自定义数量的 Minion，然后接下来从 Master 接受命令。需要注意这个脚本只能运行在单个主机上，所以对于测试 Syndic 架构没多大用。不过，这将有效地测试你的外部文件系统和 Pillar 是否可以互相交互。

要使用 Minion Swarm，复制到某个目录下，然后使用 Python 启动：

```
# python minionswarm.py
```

默认情况下，这将创建 5 个 Minion 进程。一旦它们启动完毕，会在这些 Minion 之间发送标准 Salt 命令。如果你想同样引入一个 Master 与那些 Minion 交流，你可以指定 -M 选项实现：

```
# python minionswarm.py -M
```

你可能首先想做的是创建更多用于测试的 Minion。-m 选项就是用来设置创建 Minion 的数量的。

```
# python minionswam.py -m 500
```

 这里要小心！每个创建的 Minion 都会占用一定的内存，并且内存占用都和普通 Minion 进程一样。指定太多 Minion 将导致系统过载、动力不足。

Swarm 内部实现

很显然，这种形式创建的 Minion 群体无法用于生产环境，只能用于测试。请牢记，你应该看一眼这个过程创建的这么多文件。

在 /tmp/ 目录中，会创建以 mswarm-root 开头的目录。这个目录下每个 Minion 都会包含一个 pki/ 目录。如果你看过每个 Minion 的密钥，你就会发现它们都是相同的！

如果想自行提供这些密钥，也可以替换掉个别的 Minion 密钥，只要你确保 Master 同步这些临时密钥。但是 Minion Swarm 的用例不在于测试密钥或安全性——只是用来测试负载！

接下来，继续发送一些测试命令，来感受一下 Minion Swarm 是如何在负载测试中运作的：

```
# salt '*' test.ping
# salt '*' network.interfaces
# salt '*' disk.usage
```

接下来测试一个 State 的运行，最好以 test 模式运行：

```
# salt '*' state.highstate test=True
```

如果你决定不使用 test 模式运行一个 State 的话，最好在一个空白机器上运行，这样就可以在 State 运行失控时安全地删除主机。当你不得不擦除所有数据重运行很多次时，也不要焦躁；如果你将所有数据都存储在外部文件系统或外部 Pillar 时（都是只读的），那么你就不用为了回滚而做太多事了。

总结

在本章中，我们介绍了 Salt 的层次结构和故障迁移配置，使用级联（Syndic）和多 Master 架构。我们也探讨了压力测试以及从 Master 上分配资源到其他服务器上。我们还探讨了使用 wheel 系统管理 Master。

有很多种方法可以帮你扩展 Salt 基础设施的规模，以满足成千上万台服务器的需求。但是一旦运行起来了，你如果监控它们？第 9 章，我们将讨论如何使用 Salt 来帮助监控系统。

第 **9** 章

用 Salt 监控系统

很多用户都不知道 Salt 的初衷并不是成为一个配置管理系统。其中一个初衷是收集和存储系统的核心信息，比如内存、CPU 和磁盘用量。今天依旧可以这么来用，事实上，现在还拥有了更多与监控相关的功能。本章，我们将探讨以下几个主题。

- 使用 returner 建立历史基线。
- 监控的 State。
- 将 beacon 合并到你的工作流。
- 设置告警。

监控的基础知识

时至今日已经有很多不同的监控系统可用，其中一些在 Salt 内部已经有模块支持了。但是，不同的系统提供了不同种类的监控。

建立一条基线

以 Linux 中典型的 sysstat 监控工具包为例。默认情况下，该工具每 10 分钟收集一次各种系统核心数据。经过一段时间，通过分析这个数据可以绘制一幅正常负载下系统的性能曲线图。曲线时升时降，可能正常也可能不正常。

举例来说，比如监控了几周的 Web 服务器后，明显能看出平均负载在早晨到下午这段时间缓慢上升，峰值形成在入夜前几小时，最后在午夜前夕负载急剧下降。根据网站类型，周末流量可能比工作日高很多。这些信息都会显示在工具中，比如 sysstat。下面就是 sysstat 可能的输出：

```
# sar

   Linux 4.0.5-1-ARCH (dufresne) 06/13/2015 _x86_64_ (4 CPU)
   02:09:11 PM          LINUX RESTART(4 CPU)
   02:10:22 PM     CPU     %user     %nice    %system    %iowait    %steal
   %idle
   02:20:12 PM     all      3.37      6.56       1.88       4.44      0.00
   83.75
   02:30:12 PM     all      2.68      5.88       1.51       1.50      0.00
   88.43
   Average:        all      3.02      6.22       1.69       2.96      0.00
   86.11
```

这些信息将会形成一条标准基线。同样，当十分反常地偏离基线时，就应该引起重视。这些反常的部分应该触发告警，设置告警的内容我们将在本章后面的章节讨论。

尽管 sysstat 工具十分美妙，但是并不完整。只是报告了一组预定的系统信息，比如平均负载和 IO 等待时间。并没有报告哪些进程正在运行，也没有报告有多少用户登录到系统中了。

使用 Salt 读取系统核心信息

大多数早期的 Salt 模块设计用来收集各种各样的系统信息，解析并按易用的格式进行格式化后返回给用户。多数系统核心相关的信息都在 status 模块，但其他有些模块同样包含这样的信息。让我们看一些用例。

status.loadavg

这个方法返回平均负载，使用和大多数 UNIX、Linux 发行版自带的 top 程序一样的输出信息。建立一条基线可以帮助你知道指定的服务器通常的工作曲线是怎样的。一般来说，只要 1 分钟的平均负载值小于系统的总处理器数，就认为系统是空闲的。

```
# salt myminion status.loadavg
```

```
myminion:
    ----------
    1-min:
        0.23
    15-min:
        0.52
    5-min:
        0.42
```

status.cpustats

多数被 sysstat 存储的信息将会包含在这个方法的返回值内，虽然可能看起来有些不同。大多数 Linux 监控系统，从/proc/目录下的虚拟文件收集信息，Salt 也不例外。在这种情况下，是从/proc/stat 文件获取信息的。这个方法的输出信息可能会非常长，但是一个缩短版的信息可能看起来像下面这段代码：

 # salt myminion status.cpustats

```
    myminion:
        ----------
        btime:
            1434226009
        cpu:
            ----------
            idle:
                868157
            iowait:
                35603
            irq:
                0
            nice:
                57994
            softirq:
                42
            steal:
                0
            system:
```

```
            16190
        user:
            28560
        cpu0:
            7575
        cpu1:
            6872
        cpu2:
            8043
        cpu3:
            6069
        ctxt:
            9069187
```

status.meminfo

内存用量信息是至关重要的。虽然大多数操作系统有多种策略来应对低内存运行，但是首先最好避免低内存运行。这个方法会给出内存用量，并试着以更友好的带单位的形式展示信息。一个缩短版的输出看起来像下面这段代码：

 # salt myminion status.meminfo

```
    myminion:
        ----------
        Active:
            ----------
            unit:
                kB
            value:
                3837372
        Active(anon):
            ----------
            unit:
                kB
            value:
                3549304
        Active(file):
            ----------
```

```
                unit:
                    kB
                value:
                    288068
            AnonHugePages:
                ----------
                unit:
                    kB
                value:
                    1257472
            AnonPages:
                ----------
                unit:
                    kB
                value:
                    3547932
```

status.vmstats

正如同 status.meminfo 报告物理内存信息一样，status.vmstats 会报告虚拟内存信息。虚拟内存是操作系统应对物理内存耗尽的策略。在 Linux 中，该信息从 /proc/vmstat 获取。下面是一个缩短版的输出样例：

```
# salt myminion status.vmstats
    myminion:
        ----------
        nr_active_anon:
            854510
        nr_active_file:
            72671
        nr_alloc_batch:
            4165
        nr_anon_pages:
            854154
        nr_anon_transparent_hugepages:
            641
        nr_bounce:
```

```
        0
    nr_dirtied:
        206578
    nr_dirty:
        633
    nr_dirty_background_threshold:
        295696
    nr_dirty_threshold:
        591393
```

disk.usage、status.diskusage

磁盘用量信息和内存用量信息同样重要，某些情况下，更是如此。在 Salt 内部有两个不同的方法展示磁盘用量信息。不同点是它们获取信息的方式不同。在 Linux 中，disk.usage 方法从 du 命令获取这些信息，status.diskusage 方法从/proc/mounts 文件获取这些信息。这些获取磁盘用量信息的命令用法像下面这样：

 # salt myminion disk.usage

```
    myminion:
        ----------
        /:
            ----------
            1K-blocks:
                414569456
            available:
                270870348
            capacity:
                32%
            filesystem:
                /dev/sda4
            used:
                122633484
```

 # salt myminion status.diskusage

```
    myminion:
        ----------
            /:
```

```
        ----------
        available:
            277371793408
        total:
            424519122944
```

status.w

这个看上去命名很奇怪的方法其实对 Linux 或 UNIX 老用户来说很熟悉了。这个方法调用 w 命令,报告哪些用户当前已经登录到系统,并且他们此时正在做什么。status.w 命令执行结果如下:

```
# salt myminion status.w
    myminion:
        |_
        ----------
        idle:
            7:16m
        jcpu:
            25:24
        login:
            07:56
        pcpu:
            0.00s
        tty:
            tty1
        user:
            larry
        what:
            xinit /home/larry/.xinitrc -- /etc/X11/xinit/xserverrc :0
    vt1 -auth /tmp/serverauth.t5P7FTvG7q
```

status.all_status、status.custom

如果你一直在用自己的计算机测试这些命令,你可能已经注意到一些方法返回了相当多的数据。如果你想要一整条完整的数据,试试 status.all_status 方法,这会返回所有下面的方法的结果：

- status.cpuinfo

- status.cpustats

- status.diskstats

- status.diskusage

- status.loadavg

- status.meminfo

- status.netdev

- status.netstats

- status.uptime

- status.vmstats

- status.w

这种报告很有用，因为只需要一次调用就可以返回很多信息。但是，更好的体验是只返回那些你想要或需要的信息。

status.custom 方法就是用来截掉那些你不需要的信息的。只保留那些实际需要的信息。默认情况下，它什么都不返回；你需要在要运行的目标 Minion 的配置中指定要使用的方法和返回的字段。

想要配置一个方法，需要在 Minion 配置中加一行，包含方法名和你希望从方法中返回的字段列表。格式是这样的：

```
status.<function>.custom:
  - <item1>
  - <item1>
  - <etc>
```

来看一下下面的配置：

```
status.cpustats.custom:
  - 'cpu'
  - 'processes'
status.loadavg.custom:
- '1-min'
```

这会返回如下的自定义输出：

```
# salt myminion status.custom

    myminion:
        ----------
        1-min:
            0.27
        cpu:
            ----------
            idle:
                1929298
            iowait:
                46791
            irq:
                0
            nice:
                129568
            softirq:
                61
            steal:
                0
            system:
                34416
            user:
                57184
        processes:
            3737
```

使用 Returner 监控系统

正如我们在前面章节讨论的那样，Returner 拥有用外部数据存储器来存储从 Minion 的任务返回数据的能力。对监控来说这是理想的状态信息，因为外部数据存储可以建立一条基线。

要用 Salt 开始收集数据，其中一个最佳方式是设置 Salt 使用 Minion 的任务调度器。以我们的用例举例，我们假设你正在使用 mysql Returner。继续进行下一步，把以下代码加入到你的 Minion 配置中：

```
schedule:
  loadavg_monitoring:
    function: status.loadavg
    minutes: 10
    returner: mysql
  diskusage_monitoring:
    function: status.diskusage
    minutes: 10
    returner: mysql
```

注意上面两条都将 Returner 设置为 mysql。如果你打算让大量的任务都使用同样的 Re-turner，你只需要改为添加一行 schedule_returner：

```
schedule_returner: mysql
schedule:
  loadavg_monitoring:
    function: status.loadavg
    minutes: 10
  diskusage_monitoring:
    function: status.diskusage
    minutes: 10
```

这些配置会设置 Minion 运行两个监控任务，当 salt-minion 进程启动之后，会在之后每 10 分钟执行一次。这个时间周期是精挑细选出来的，因为这是 sysstat 默认的周期。其他监控软件使用其他周期，比如每 15 分钟。在决定基于你使用的其他软件的时间周期之前，考虑下这是否是你需要的最合适的时间间隔。

选定一个 Returner

虽然只有一组选定的 Returner 可以用于管理外部任务（job）缓存，所有的 Returner 都可以用于存储任务返回的数据。但是，并非所有外部存储机制的创建方式都是等同的。尽管任务返回的数据始终从 Salt 以同样的格式返回，但它常常需要以某些不同的方式录入，以满足其他 API 的需求。

NoSQL 风格的数据库无疑是最好的选择，因为它们往往以和 Salt 完全相同的格式存储数据。但是，不是所有人都使用这种类型的数据库，甚至有些组织完全禁止使用 NoSQL。

MySQL 可能也是一种自然的选择，因为这是世界上最流行的数据库服务器之一，尤其对于入门者来说。但是，它内置的数据格式不支持 Salt 的数据结构。为了适应 SQL 的需求，多数 SQL Returner 把任务返回数据转换成 JSON 对象，并且以一个单独的字段存储。其他字段同样用于存储元数据，但是搜索返回结果内部的数据结构可能会非常烦琐。

此外，还有一些特殊用例的 Returner。比如 hipchat、slack 和 xmpp，用于在聊天室中显示返回数据。smtp Returner 会发送带有每个 Minion 的每个任务返回数据的 E-mail。可以单独为这些系统编写集成程序，但这显然不如直接用 Returner 合适。

最后，有些 Returner 用于直接从数据库 dump 数据。这是特别为监控目的设计的。这样的一个 Returner 可以用作一类称作 *Carbon* 的软件。这是 *Graphite tool* 的一个组件，进而可以从数据生成图表，比如从 Salt 返回的数据生成图表。

使用监控 State

监控 State 是 Salt 内部不太被人知的一个功能，这是一个遗憾。尽管可执行模块对于建立和维持一条关于机器的基线信息是非常好用的，但是监控 State 设计是用于当一个指标量跌出期望区间时发起通知（notification）。

 这里通知不同于告警。虽然可以用于触发告警，但是这是独立的动作。

你可能还记得，每个独立 State 都会返回如下 4 种信息。

- Name
- Result
- Changes
- Comment

监控 State 和标准 State 有 3 种不同。首先，它们不允许对系统做出修改。它们的任务只是监测和报告。其次，它们返回第 5 种信息：

- Data

Data 中包含了一个被监控 State 取回的数据的字典。这可能是一个关于磁盘用量的指标量，一个特定的 CPU 平均负载，甚至可能是一个正处于监控状态的 Web 页面的内容。

最后一个不同点是当一个监控 State 被调用时，可以给出参数，定义了哪些数据字段被认为是可接受的。如果数据不匹配这些参数定义，或者没有给出参数，那么这个 State 的结果将会是 True。然而，如果参数被给出，并且不属于定义的可接受的范畴，这个 State 的结果将会是 False。

因为监控 State 在 State 运行期间才处理，它们可以用来触发其他 State 运行。被触发的 State 可能试图自愈或者发起告警。我们将会在稍后的章节探讨如何发送告警。现在先让我们探讨如何定义一个监控 State 吧。

定义一个监控 State

让我们一起来看一个非常简单的监控 State：disk.status。这个 State 的目的是监控一个指定文件系统的磁盘用量。默认的输出器不显示数据的输出，所以让我们使用嵌套的输出器来替代。

```
[root@dufresne ~]# salt myminion state.single disk.status / --out nested
    myminion:
        ----------
        disk_|-/_|-/_|-status:
            ----------
            __run_num__:
                0
            changes:
            ----------
        comment:
            Disk in acceptable range
        data:
            ----------
            1K-blocks:
                414569456
            available:
                270866984
            capacity:
                32%
            filesystem:
                /dev/sda4
```

```
        used:
            122636848
    duration:
        8.604
    name:
        /
    result:
        True
    start_time:
        04:06:56.587517
```

如果 minimum 或 maximum 被定义为百分比，Salt 会检查磁盘用量是否在这个范围内。如果不在，将会返回 False，否则，将返回 True。

[root@dufresne ~]# salt myminion state.single disk.status / minimum=50 maximum=90 --out nested

```
    myminion:
        ----------
        disk_|-/_|-/_|-status:
            ----------
            __run_num__:
                0
            changes:
                ----------
            comment:
                Disk is below minimum of 50 at 32
            data:
                ----------
                1K-blocks:
                    414569456
                    available:
                        270866960
                    capacity:
                        32%
                    filesystem:
                        /dev/sda4
                    used:
```

　　　　　　　　　　　　　　　　　　第 9 章　用Salt监控系统

```
             122636872
         duration:
             8.96
         name:
             /
         result:
             False
         start_time:
             04:11:45.476257
```

Web 调用监控

最独特的监控 State 可能是 `http.query`。它并非检测本地系统，而是使用一个 Web 调用，然后分析返回信息。

用 `http.query` 这个 State 可以检查两项。匹配模式可以指定为纯文本或一个正则表达式。举例说明：

```
http://example.com/page1.html:
  http.query:
    - match: 'This is page 1'
http://example.com/page2.html:
  http.query:
    - match: 'This is page [two|2]'
    - match_type: pcre
```

另外，还可以指定一个 HTTP 状态码。该状态码是指定页面返回的状态码。通常，这个状态码是 200，但可能会因为其他原因想要检查其他状态码。比如说，如果假设一个页面是不存在的，那么检查 404 error 这个状态码就是合理的。检查 *page not found* 的代码如下：

```
http://example.com/not_found.html
  http.query:
    - status: 404
```

同样也可以在同一个 State 中同时检查匹配模式和状态码，就像下面代码展示的那样：

```
http://example.com/jungle.html:
  http.query:
    - match: 'Welcome to the Jungle'
```

```
     - match_type: string
     - status: 200
```

可与 http.query 执行和 runner 模块一起使用的任何参数同样可以在这里声明，但有两个例外：text 和 status 参数将始终被设置为 True，因为这些参数都是被检查的项，并且 status 参数表现不同于 http.query State。

为了执行一个 Web 查询（实际上是 post 请求），你可以像这样运行：

```
http://example.com/orderpizza.py:
  http.query:
    - text: success
    - status: 200
    - method: POST
    - params:
        toppings: pepperoni
        crust: pan
```

现在设置一个关于 http.query State 的警告信息是一个好时机。因为该 State 没办法检测给定的参数是否在目标服务器上是只读的，也可能被坏参数改变了目标 URL。这完全得由用户确保参数是安全的。

也可以用 test 模式运行 http.query State。这是关于这个监控 State 另一个唯一的特性。通常情况下，监控 State 没必要检测是否运行在 test 模式，因为它们不会对系统做任何修改。但是，http.query State 允许指定一个备选的 URL，将会在检测到运行于 test 模式时进行替代。

这种 URL 可以用 test_url 指定：

```
http://prod.example.com/orderpizza.py:
  http.query:
    - text: success
    - status: 200
    - test_url: http://dev.example.com/orderpizza.py
    - method: POST
    - params:
        toppings: pepperoni
        crust: pan
```

使用 beacon

beacon 是 Salt 中新加入的一个特性，但是它已经拥有相当一批支持者了。在过去版本的 Salt，如果一个第三方的进程需要在 Salt 内部产生一个事件，那么必须显式调用 Salt 来实现。beacon 克服了这个弱点，允许第三方进程触发事件，这样就无须在进程自身中做太多处理。

正如你所想，beacon 设计目的是为了监控，尤其是为了告警。监控 State 只能通过明确的调用或者调度器（scheduler）进行被动的运行，而 beacon 非常积极主动（proactive），它会持续不断地观察有哪些变动（changes）。

监控文件变化

beacon 会在目标 Minion 上定期运行。当它们采集到重要变化时，会发送一个描述这些变化的事件。

第一个添加的 beacon 是用于 inotify 系统的。该系统自 2.6.13 版本后内置于 Linux 内核中。inotify 系统可以在某个文件或目录发生活动时执行一个操作。例如，一些组织使用该系统追踪一组目录中文件的修改，然后使用这些变更信息执行增量备份。

要使用这个 beacon，必须在目标 Minion 上安装 python-pyinotify 这个包。在安装之后，让我们继续下一步，监视一个在 /tmp/ 目录下叫作 services 的文件。在 Minion 配置中加入这块代码：

```
beacons:
  inotify:
    /tmp/services:
      mask:
        - modify
        - delete_self
```

这将监视 /tmp/services 是否被修改或删除。这个文件现在还不存在，但是没关系。我们依然可以为这个文件设置消息通知。继续下一步，重启 Minion，然后在 Master 启动事件监听器。运行下面的命令把这个文件放入指定位置：

```
# cp /etc/services /tmp
```

此时你不会看到任何事件发生，因为在指定的 inotify 中，文件创建并不会追踪。在监控目录时，目录下有文件创建时将会被追踪到，但现在我们监控的是单个文件。

如果你再次发送上面的命令，就会在 inotify 注册一个变化：

```
# cp /etc/services /tmp
```

继续下一步，看一下事件监听器。你应该能看到一个事件像下面这段代码展示的那样：

```
Event fired at Sat Jun 13 23:02:57 2015
*************************
Tag: salt/beacon/myminion/inotify//tmp/services
Data:
{'_stamp': '2015-06-14T05:02:57.257879',
 'data': {'change': 'IN_MODIFY', 'id': 'myminion', 'path': '/tmp/
services'},
 'tag': 'salt/beacon/myminion/inotify//tmp/services'}
```

你可以在 tag 中看到命名空间：beacon tag 以 salt/beacon/ 开始，紧跟着 Minion ID，接下来是 beacon 模块的名字，最后是被监视的项目。

继续下一步，用下面的代码删掉文件：

```
# rm /tmp/services
```

然后，看一下接下来的事件监听器：

```
Event fired at Sat Jun 13 23:09:45 2015
*************************
Tag: salt/beacon/myminion/inotify//tmp/services
Data:
{'_stamp': '2015-06-14T05:09:45.257790',
 'data': {'change': 'IN_DELETE_SELF',
          'id': 'myminion',
          'path': '/tmp/services'},
 'tag': 'salt/beacon/myminion/inotify//tmp/services'}
```

tag 并没有改变，但是 data 已经变了。在这个 beacon 的用例中，我们关心的是 data 字典中包含的 change 项。

beacon 间隔

默认情况下，beacon 每秒运行一次。因此，它们需要非常轻量，并且尽可能快地执行完毕。但是，你可能不希望 beacon 运行太频繁。举例来说，你正使用 load beacon 监控一个系统的平均负载。你可能觉得你不需要每秒检测一次，可能 30 秒一次更合理。

你可以带上 `interval` 参数修改 beacon 的间隔。对于我们的例子来说，你可以用下面的代码配置 load beacon：

```
beacons:
  load:
    - 1m:
      - 0.0
      - 2.0
    - interval: 30
```

该 beacon 将会在 1 分钟的平均负载低于 0 或高于 2.0 时触发一个事件。

设置告警

现在你已经看过多种方式监控 Minion 了，让我们继续进行，看看如何设置一些告警规则。

在 State 文件中设置告警

在第 4 章（异步管理任务）中，我们探讨了如何使用反应器（Reactor）系统在 PagerDuty 服务中响应事件。现在我们的例子依然使用 `disk.status` 这个监控 State。

 请记住，在一个 SLS 文件中的任何 State 都可以触发一个告警，并不仅仅监控 State 可以这么用。

从 beacon 中告警

因为 beacon 设计出来就是用于当到达某个阈值时发送一个事件，所以它们可以完美地用于告警，再合适不过了！让我们看看下边这几个例子。

监控文件变化

让我们先回到 inotify 中。假如说你正用/etc/hosts 文件管理本地 DNS 解析。你可能已经有一些软件来帮你管理这个文件了，甚至可能在必要时自动添加条目，当该文件改变的时候你想通过 E-mail 通知。

首先，Minion 需要为 E-mail 发送做正确的配置。在本例中这个 Minion ID 称为 smtpminion。
在你的 Minion 配置中添加合适的值：

```
my-smtp-login:
  smtp.server: smtp.example.com
  smtp.tls: True
  smtp.sender: larry@example.com
  smtp.username: larry
  smtp.password: 123pass
```

然后，加入一个 beacon 来监视这个文件：

```
beacons:
  inotify:
    /etc/hosts:
      mask:
        - modify
```

继续下一步，重启 salt-minion 进程。然后，我们需要在 Master 上设置一个反应器
（Reactor）。继续进行，用下面的代码添加 Reactor 映射：

```
reactor:
  - salt/beacon/dufresne/inotify//etc/hosts:
    - /srv/reactor/hosts_changes.sls
```

最后，创建 /srv/reactor/hosts_changes.sls 文件，写入下面的内容：

```
hosts_changed:
  cmd.smtp.send_msg:
    - tgt: smtpminion
    - kwarg:
      recipient: larry@example.com
      message: Hosts File Changed on {{data['id']}}
      subject: Hosts File Changed on {{data['id']}}
      profile: my-smtp-login
```

重启 salt-master 进程，继续在 Minion 上添加一个条目到 /etc/hosts 文件，然后检查
你的 E-mail。

监控坏的登录

很不幸，大多数 Linux 用户对 btmp 文件并没有密切关注。这个文件追踪了当前系统尝试登录失败的记录。在一个面向公众的系统上，该文件的内容可能意味着遇到了严重的麻烦。但是近年来，对攻击者来说一次性使用几十个，甚至几百个请求来尝试登录一个系统几乎已经成了惯例。使用 SMTP 来告警可能是一个坏主意，因为你的邮箱可能会被一个单一攻击所淹没。

所以，让我们继续来为我们的告警系统发送一个 webhook 代替 SMTP，用于报告坏的登录（bad login）。

如果你启动了事件监听器，然后对系统尝试一个坏登录，你应该看到一些类似于下面代码的信息：

```
Event fired at Sun Jun 14 00:46:46 2015
*************************
Tag: salt/beacon/dufresne/btmp/
Data:
{'_stamp': '2015-06-14T06:46:46.609763',
 'data': {'PID': 1492058112,
          'addr': -971811459,
          'exit_status': 0,
          'hostname': '',
          'id': 'dufresne',
          'inittab': '10',
          'line': 'pts/10',
          'session': 0,
          'time': 592838656,
          'type': 6,
          'user': 'curly'},
 'tag': 'salt/beacon/myminion/btmp/'}
```

现在我们就知道了这个事件长什么样子，我们可以对这个事件设置一个告警。首先，我们需要在 Minion 配置设置 beacon：

```
beacons:
  btmp: {}
```

这个 beacon 的配置非常简单，因为告诉它监控 btmp 文件时是不需要参数的，所以用了一个空配置块。继续重启 salt-minion 进程。

然后，我们需要在 Master 上设置 Reactor 映射，如下：

```
reactor:
  - salt/beacon/dufresne/btmp/
    - /srv/reactor/btmp.sls
```

最后，我们需要创建 /srv/reactor/btmp.sls，写入以下内容：

```
btmp_alert:
  runner.http.query:
    - kwarg:
      url: 'http://example.com/alerts.py'
      method: POST
      params:
        id: {{data['id']}}
        user: {{data['user']}}
```

总结

建立一条数据的历史基线是监控系统的关键，并且 Salt 在一开始就使用 Returner 实现这个过程。你同样可以使用监控 State 和 beacon 收集数据，并且基于它执行一些操作。

Salt 有一套非常强大的工具来满足监控系统，可以建立基线信息，并且在某些异常情况下触发告警。

在第 10 章，我们会看到一些 Salt 最佳和最差的实践。

第 *10* 章

探索最佳实践

像所有工具一样，Salt 很容易使用，当你使用正确时将保持结果一致性。记得曾经有个厨师指着自己厨房的设备对我说，这玩意儿我已经见识过太多奇妙的错误用法。本章内容旨在为你提供指导，帮助你尽可能以最佳的方式使用 Salt。我们将会覆盖以下主题。

- 适应未来的基础设施。
- 建立正确的目录结构。
- 创建高效的 SLS 文件。
- 使用直观的命名约定。
- 使用有效的模板变量。

适应未来的基础设施

关于技术有一个最恼火的事情是你还没适应就已经变了，在某些情况下，甚至你从一开始到完成实现整个过程都是全新的技术。适应未来是指尽可能提前规划，做长远的打算。同样也指，用一种工作方式，使得即使在未来也不需要做太多的变动就能让目前的工作方式依旧运行。

其中最经典的没有做到适应未来的代码例子就是千年虫。给不了解的人解释一下。开发者需要存储日期，当时使用 2 位数字记录年份已经是计算机之外一个很常用的方式。举个例子，1970 年 1 月 1 日可能存储为 1/1/70。使用一个 2 位数字表示年份节省了存储空间，在当时存储空间是很昂贵的。

不幸的是，后来远比预期多的代码依然沿用了这种策略。更糟糕的是，甚至到了 20 世纪 90 年代有些代码依旧使用 2 位数字存储年份，而不是 4 位数字。

本来在第一时间使用 4 位数字存储年份是更好的方式。事实上，用 YYYYMMDD（包含零填充的 2 位数月和日，比如 01）这种形式存储日期可以在相当长的时间适应未来；而且也更容易按时间顺序排序。以 24 小时模式（用 13:00 代替 1:00 PM）存储时间戳也是类似的策略。

在本章我们会反复提到注意适应未来。同样也是不管做什么技术，这都应该深深印到你的脑海中。

设置目录结构

一个好的目录结构在任何平台都是很重要的，Salt 也一样。Salt 的默认目录布局已经非常仔细地考虑过了，是为了在**文件系统层次标准（FHS）**、**Linux 标准基础（LSB）** 和不同的 Linux 发行版之间的各种细微的差别做最佳平衡。

作为用户，你有很多目录要应付，尤其是 State 文件和 Pillar 文件都要规划的时候。这些目录结构并没有官方标准，但是你可以做一些事让目录树保持良好的规则。

标准目录路径

大多数 Linux 发行版直接将对应文件放在它们合适的目录下。配置文件及目录存在于 /etc/，内容可变的文件（日志、缓存等）直接归于 /var/，属于一个网络服务器的站点特定文件经常存储在 /srv/（尽管这个目录在你的环境下可以不一样）。然而，很多 UNIX 和一些 Linux 发行版倾向于在这样的结构上再增加一个 local/ 目录。如果你现在正在使用一个这样的操作系统，你可能已经习惯了它的约定。

一个 Salt 背后使用的设计决策是，尽可能使用少的目录。强迫用户找个文件要找遍他们的系统是很不合理的，并且 Salt 努力做到合理化。某些平台上可能路径不太一样，但通常 Salt 使用的路径如下。

- /usr/bin/：这是可执行程序的路径。
- /usr/lib/python<version>/site-packages/salt/：这是绝大多数 Salt 源码的路径。
- /etc/salt/：这是配置文件和密钥文件的路径。

- /var/log/salt/：这是日志文件的路径。

- /var/cache/salt/：这是缓存数据的路径。

- /var/run/salt/：这是 Socket 文件的路径。

- /srv/salt/：这是 State 文件的路径。

- /srv/pillar/：这是 Pillar 文件的路径。

- /srv/reactor/：这是 Reactor 文件的路径。

这些目录大部分并不会被一般用户所注意到。它们会在必要时自动检验，对于大多数管理员来说无须维护或修改。

/srv/目录下的文件是会被大多数 Salt 用户关注到的，并且经常被修改。也可以将/srv/目录下的子目录更改为其他路径，但用户通常会在这个目录下查找文件。采用不标准的路径可能会给你的新员工和同事带来不必要的混淆。

<module>.sls 与 init.sls

无论是/srv/salt/目录还是/srv/pillar/目录都可能包含一个 top.sls 文件，任意数量其他 SLS 文件，包含 init.sls 文件的目录，以及任意其他 SLS 文件和目录。假设这两个目录下的文件涉及一个名为 Apache 的 State：

- /srv/salt/apache.sls
- /srv/salt/apache/init.sls

虽然两者都是可以接受的使用方式，但是进一步考虑下接下来会发生什么。Apache 是一种服务，正好还没安装和启动，可能你还想修改一个配置文件。因此，创建一个名为 apache/的目录，带有自己的 init.sls 文件，并把它和 Apache 相关的文件都放进去，将变得更有意义。

但对于其他服务呢？NTP 是常见的配置好开箱即用的服务。它常常并不需要修改。尽管它是可配置的，而且你的基础架构越成熟，就越可能需要自己定制一些东西。

真要到了那个时候，把 ntp.sls 改到 ntp/init.sls 可能也就是几个额外的步骤而已。但是，这些步骤完全可以提前做好。同时，在你的组织架构中其他某些程序可能需要做更多的工作。例如，你有没有这种软件，比如备份或安全方案，期望文件存放于一个特定的地方？那么别用 <module>.sls 这种形式，提前把 State 和 Pillar 分别存放于它们各自的目录，维持好这样的策略。

浅层级与深层级

现代的系统管理员大都有着不同的组织化思维。一些人喜欢非常具体地组织整理数据、建立王国（kingdom）、阶级（classes）和部门（phylum），犹如他们从植物和动物身上学到的那样。

比如，在 Linux 世界中可以说是有 3 个最流行的文本编辑器，Vim、Emacs 和 Nano。开源世界有两个流行的图片编辑器是 GIMP 和 Inkscape。当你管理的基础设施包含所有这些程序时，可能像科学家那样进行分门别类确实很有吸引力，但是这样很快就会失控。来看一下这样的目录结构。

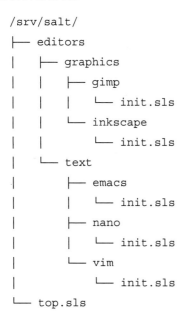

```
/srv/salt/
├── editors
│   ├── graphics
│   │   ├── gimp
│   │   │   └── init.sls
│   │   └── inkscape
│   │       └── init.sls
│   └── text
│       ├── emacs
│       │   └── init.sls
│       ├── nano
│       │   └── init.sls
│       └── vim
│           └── init.sls
└── top.sls
```

这是一个有点深的目录结构。这种结构可能从组织架构上看上去很美观，但是给其他管理的人带来了不必要的麻烦。查找文件在哪个目录增加了额外的步骤，而且一些软件分类可能是不明确的。你能知道原来的维护者把 vim 放到了 core_tools/还是 dev_tools/吗？

让我们再看一个不同的目录结构吧。

```
/srv/salt/
├── emacs
│   └── init.sls
├── gimp
│   └── init.sls
```

```
    ├── inkscape
    │   └── init.sls
    ├── nano
    │   └── init.sls
    ├── top.sls
    └── vim
        └── init.sls
```

这个目录结构更浅显。而且没有少到只有 vim.sls、emacs.sls 等，但对于查找对应的 State 也够简单的了，只是看一眼/srv/salt/目录。

进一步细分

进一步进入这些目录，你会发现针对于一个包可以使用很多不同的技术组织起来。有些人可能喜欢使用 files/目录，而其他人可能更喜欢把所有与 SLS 相关的文件放在一个目录中。

在大多数情况下，把所有文件放在一个目录下处理起来将是最简单的。浅层次的目录结构会使这些文件更容易找到和修改。

然而，如果有一个完整的目录结构要复制到 Minion 的话，完全没必要保持这么浅的目录层级。把这些文件移动到它们自己的目录下，并使用 file.recurse State 将它们提供给 Minion。浅层级目录结构只是一种指导方针，应该由你根据你的情景决定最有意义的方式。

高效率 SLS

当构建 SLS 结构树的时候，目录结构只是其中的一部分。在 SLS 文件中可以定义很多策略，将增加它们的易用性和易维护性。

include 与 extend

像很多现代化的编程语言和文件格式一样，SLS 文件设计时考虑到了代码复用。不用创建一些巨大、单集成的文件，State 可以分解到一些更小的文件中，可以跨多环境联结在一起。

来看看下面这部分 SLS 文件：

```
iptables:
  service:
    - dead
httpd:
  pkg:
    - installed
  service:
    - running
/opt/codebase:
  file.recurse:
    - source: salt://codebase/files
```

显而易见，生产环境中可能会更长，但是这个简短的版本已经足够用于说明问题了。

这个 SLS 文件有 3 个不同的组件：防火墙、Web 服务器及代码库。这里有一个隐含的顺序：如果被防火墙拦截，Web 服务器将不能显示页面，并且没有 Web 服务器建立用户的连接，代码库是没用的。

这个 SLS 文件的第一个问题是，应该把每个组件分解到不同的文件中。这样的话 State 树就更容易扩展，就可以添加其他的利用"firewall"配置或 Web 服务器的组件。

第二个问题是彻底禁用掉防火墙的管理方式既非可扩展的，也非适应未来的。待会我们会说下这个问题。

使用 include

让我们进一步将这个 SLS 文件分解成 3 个独立的文件：

cat /srv/salt/firewall/init.sls

```
iptables:
  service:
    - dead
```

cat /srv/salt/webserver/init.sls

```
httpd:
  pkg:
    - installed
  service:
    - running
```

```
# cat /srv/salt/codebase/init.sls

    include
      - firewall
      - httpd
    /opt/codebase:
      file.recurse:
        - source: salt://codebase/files
```

看看我们为 SLS 文件起的名字。也许 Linux 用户很自然地想到"firewall"配置应该叫作 iptables 才对，但是这并非适应未来。许多用户在需要支持新的平台时才发现当初没有考虑到。处于兼并关系的两个公司之间，或者处于合作关系的两个公司之间，使用不同的防火墙，或者高层管理者也可能下令使用别的防火墙，例如 BSD 上的 pf 防火墙或 Windows 防火墙系统。把这个 SLS 文件叫作"firewall"将在有需要时简化这些修改。

这同样也适用于 Web 服务器，别看当前设置用的是 httpd：在某些 Linux 平台上是 Apache 软件包和服务的名字。但是如果基础设施从一个基于 Red Hat 的平台转向了基于 Debian 的平台呢？或者从 Apache 改成了 Nginx 呢？

在这种情况下，使用更通用的名字将进一步简化基础设施的变化。当然单一详细的配置文件也是可能的，但是将修改局限于从属的 SLS 个体文件中更好，而不是修改整个文件集。

你可能也注意到了"code base"的 SLS 文件同时 include 了"firewall"和"web server"的 SLS 文件。为什么不是"web server"include"firewall"，也不是"code base"只 include"web server"一个？要回答这个问题，先让我们继续扩展"code base"的 SLS 文件：

cat /srv/salt/codebase/init.sls

    include
      - firewall
      - httpd
    installed_codebase:
      file.recurse:
        - source: salt://codebase/files
        - name: /opt/codebase
    codebase-web-config:
      file.managed:
        - source: salt://codebase/apache.conf
        - name: /etc/httpd/conf.d/codebase.conf

```
```

请记住，以后可能还要添加其他利用"web server"配置的组件，但是包含了特定 Web 服务器的配置文件。

在这种情况下，我们把配置文件的名字起成 Apache 是可以的。实际上，这也是很合理的，这样我们就知道我们不是在处理一个 Nginx 配置文件。我们在代码块中已经引入了更通用化的 Web 服务器配置，这样如果我们需要以后改成 Nginx 的话，只需要改变这个代码块自身就行了，不需要改变代码块中引入的部分。

谈到通用名字，我们已经修改了处理代码库的 State 自身以拥有一个更通用的名字；为了以防万一，在后面的例子中/opt/codebase/改为指向/srv/codebase/。

使用 extend

在"code base"的 SLS 文件中，我们还能做一些工作。我们现在的例子是假设没有修改默认的 Apache 配置文件的需要，存在于 conf.d/目录下的文件就足够了。

然而，实际情况可能不是这样。实际上，Apache 在以往跨多种平台时处理方式都不同。尽管 Red Hat 上的 Apache 默认自动包含/etc/httpd/conf.d/*.conf，但是 Arch Linux 就没有；默认情况下该平台的 httpd.conf 文件就没有包含自带的大量的 conf 文件。这就需要变更。同样，基于 Debian 的 Apache 安装后，整个目录结构就是不同的。

我们接下来将继续修改 webserver 和 codebase 两个 SLS 文件：

 # cat /srv/salt/webserver/init.sls

```
httpd:
  pkg:
    - installed
  service:
    - running
  file.managed:
    - source: salt://webserver/httpd.conf
    - name: /etc/httpd/conf/httpd.conf
```

 # cat /srv/salt/codebase/init.sls

```
include
  - firewall
  - httpd
extend:
```

```
    httpd:
      file:
        - source: salt://codebase/httpd.conf
    installed_codebase:
      file.recurse:
        - source: salt://codebase/files
        - name: /opt/codebase
    codebase-web-config:
      file.managed:
        - source: salt://codebase/codebase-apache-vhost.conf
        - name: /etc/httpd/conf.d/codebase.conf
```

我们在 Web 服务器配置中加入了一个通用配置文件，它将和其他所有在 "web server" SLS 文件中的 Apache 代码块一样，自动被引入。但是，我们接下来修改了这个文件的来源，使它指向了 "codebase" 目录下一个特定的 httpd.conf 文件。

使用 httpd.conf 作为文件名更有意义，因为这是上游文件的名字。同样也是相当多的非 Debian 系发行版的 Apache 配置文件名。

但是，在同一个目录下同时存在一个 httpd.conf 和一个 apache.conf 可能让人迷惑。apache.conf 文件看起来像是仅仅包含了一个针对 "codebase" 的 <VirtualHost> 指令。[1]我们现在已经可以看出，虽然 Apache 可能仍然出现在文件名中，但是从服务器上的文件名中就能获得更多相关信息，所以是适应未来的。幸运的是，我们已经对这块代码使用了通用名控制这个文件，所以我们只需要两步修改即可：一步是修改 SLS 文件，一步是重命名这个文件本身。

使用模板简化 SLS 文件

使用内置的 include 和 extend 代码块有助于把文件连接在一起，但是对文件自身内容来说没太大帮助。但这正是模板的闪光点。我们可以利用模板简化代码块内容，或者决定是否让 State 编译器第一时间看到某些代码块。

使用循环

有时在模板内使用循环是很有用的。比如，管理一组用户，都具有相同的设置和权限：

---

[1]这个 apache.conf 应该指的是上面代码块中的 codebase-apache-vhost.conf 这个文件，原文就是如此，非译者笔误。——译者注

```
{% for user in ('larry', 'curly', 'moe') %}
{{ user }}:
  user.present
{% endfor %}
```

这段 Jinja 代码块将会有效地创建出以下 SLS，然后发送给 State 编译器：

```
larry:
  user.present
curly:
  user.present
moe:
  user.present
```

可是，尽管在有些地方使用模板循环很简单，可以节省大量的时间，但是在其他地方可能就不那么适合了。举例来说，看看下面这段安装 CloudStack 的 SLS 片段：

```
{% for pkg in ('cloudstack-agent', 'cloudstack-management') %}
{{ pkg }}:
  pkg.installed
{% endfor %}
```

这看上去像是一个快速的安装软件包的方式，不用为每个包创建一个单独的代码块，但其实 Salt 已经有自己的方式处理这种问题了。如果每个包（假定是）都有相同的配置，我们可以创建单一的代码块包含所有的包：

```
cloudstack-pkgs:
  pkg.installed:
    - names:
      - cloudstack-agent
      - cloudstack-management
```

但是，pkg State 是特殊的，因为它支持 State 聚合。无论使用上面哪一种代码块，Minion 的包管理器都会在每次声明时调用一次。当包很多时，这种列表会花费相当长的时间安装。

使用 pkgs 代替 names 的话会让 Salt 聚合这些包名，然后只会调用一次 Minion 上的包管理器，一次性安装所有声明的包。

user State 不支持这种聚合，但是支持使用命名参数。下面的代码比之前的 SLS 文件更简单：

```
my-users:
  user.present:
```

```
    - names:
      - larry
      - curly
      - moe
```

可能第一眼看上去只是没有在 SLS 文件中使用循环而已。事实并非如此。虽然 names 和 pkgs 参数减轻了单个 State 中循环使用的必要性，但是对于跨越多个 State 时循环有利于减少重复代码。让我们改一下关于用户的 SLS 文件，为每个用户添加一个 sandbox：

```
{% for user in ('larry', 'curly', 'moe') %}
{{ user }}:
  user.present
/srv/sandbox/{{ user }}:
  directory.present
    - require:
      - user: {{ user }}
{% endfor %}
```

这个代码块不仅仅是管理用户，同时也在确保每个用户存在的情况下，为每个用户创建了目录。

从功能上来讲，使用 names 添加用户和使用循环添加用户没什么不同；这个和包管理不一样，useradd 命令将为每个用户调用一次。但是，不用模板的话，没办法简单地创建这种两个 State（我们之前使用的）之间的依赖关系。

决策，再决策

有时，我们需要我们的 SLS 文件基于 Minion 的特殊方面做出决策。在编程术语中，通常称为分支。

让我们回到之前代码库的那个例子。当时，我们只是为了打开需要的 Web 端口而关掉防火墙。然而，这是极其草率的做法。最好的做法当然是维持防火墙，只打开需要的端口，而关闭其他的端口。

现在假设我们使用的都是基于 Red Hat 的 Minion，在/etc/sysconfig/iptables 文件中存放防火墙配置。这次不是直接关掉防火墙，而是看一看 Minion 的角色，然后在一个 Grain 中声明，并指定合适的文件：

```
# cat /etc/salt/grains
```

高效率SLS

```
    role: webserver
# cat /srv/salt/firewall/init.sls

    firewall-configuration:
      file.managed:
    {% if grains['role'] == 'webserver' %}
        - source: salt://firewall/webserver-iptables
    {% else %}
        - source: salt://firewall/webserver-default
    {% endif %}
        - name: /etc/sysconfig/iptables
```

看看这个例子，你可能会想 if/endif 代码块可能不需要；毕竟，Grain 中 role 的值同样在文件名中使用，我们也许可以引入变量名来代替：

```
# cat /srv/salt/firewall/init.sls

    firewall-configuration:
      file.managed:
        - source: salt://firewall/{{ grains['role'] }}-iptables
        - name: /etc/sysconfig/iptables
```

但是，这并非是适应未来的解决方案。如果在服务器上没有 Minion 对应的防火墙文件呢？同样地，对于 Minion 还没定义 role Grain 呢？都会导致在这些 Minion 上运行 State 时报错。

不要把显式设置之外的都忽略掉，最好是定义我们要做的事情，并且给其他的设置默认值：

```
# cat /srv/salt/firewall/init.sls

    firewall-configuration:
      file.managed:
    {% if grains.get('role') == 'webserver' %}
        - source: salt://firewall/webserver-iptables
    {% else %}
        - source: salt://firewall/default-iptables
    {% endif %}
        - name: /etc/sysconfig/iptables
```

我们可以更进一步，确认这个 State 只在 Minion 真的运行在 Linux 且 iptables 是可用时才执行：

```
# cat /srv/salt/firewall/init.sls
```

```
{% if grains['oscodename'] == 'Linux' %}
firewall-configuration:
  file.managed:
{% if grains.get('role') == 'webserver' %}
    - source: salt://firewall/webserver-iptables
{% else %}
    - source: salt://firewall/default-iptables
{% endif %}
    - name: /etc/sysconfig/iptables
{% endif %}
```

使用内置的 State

在先前的例子中，我们手动存储 iptables 的配置文件。为了看清楚要发生什么事，我们不得不直接打开文件查阅。同样使这些文件有些死板。

在 Salt 中天然地支持大量的配置文件格式。在这种情况下，通常直接使用 State 管理这些文件的组件更简单，而不是创建一些大型的、单一的、可见性较差的文件。

iptables 是一个非常棒的例子，因为像软件包（pkg）一样，iptables State 支持聚合。这意味着在整个 SLS 树中，大量的组件都可以定义属于自己的 iptables 规则，当"high state"运行时，它们会聚合成一个单一的 iptables 配置文件。

让我们调整我们防火墙的 SLS 配置，从存储独立的配置文件转为生成一组有状态的防火墙规则的框架，如下代码：

 # cat /srv/salt/firewall/init.sls

```
INPUT:
  iptables.chain_present:
    - table: filter
    - family: ipv4
input_policy:
  iptables.set_policy:
    - chain: INPUT
    - policy: DROP
    - require:
      - iptables: INPUT
```

```
icmp_accept:
  iptables.insert:
    - table: filter
    - chain: INPUT
    - jump: ACCEPT
    - proto: icmp
    - position: 1
    - require:
      - iptables: INPUT
lo_accept:
  iptables.insert:
    - table: filter
    - chain: INPUT
    - jump: ACCEPT
    - if: lo
    - position: 2
    - require:
      - iptables: icmp_accept
state_tracking:
  iptables.insert:
    - table: filter
    - chain: INPUT
    - jump: ACCEPT
    - match: conntrack
    - ctstate RELATED,ESTABLISHED
    - position: 3
    - require:
      - iptables: lo_accept
default_rule:
  iptables.append:
    - table: filter
    - chain: INPUT
    - jump: REJECT
    - reject-with: icmp-proto-unreachable
    - require:
      - iptables: state_tracking
```

这处理的东西太多了，让我们拆分一下。

因为 iptables 是基于链（chain）的，所以我们的起始点是确保我们需要的链（chain）先给出。在 filter 表中 INPUT 链通常是内置的，但这不影响显式声明。该链的默认策略是 ACCEPT，对于我们来说，应该把它改为 DROP，意味着如果一个网络包不匹配任何规则，就会被直接丢弃。

然后，我们设置了一系列的规则，使 iptables 以一个有状态的管理方式运转，在这个用例中，没有用到 Salt 的术语，只是引用了 iptables 的能力追踪连接状态。我们设置的这些规则允许 Minion 的本地网络接口通信，也允许使用 ICMP 网络协议的数据通信。

下一条规则检测网络数据包是否属于一个已经建立的连接，或者和一个已经建立的连接相关。在这两种情况下，都会假设该连接已经验证过了，不需要再次查验。

最后一条规则告诉 iptables 拒绝其他规则链中不匹配的网络数据。在目前的定义中，Minion 不允许访问外部网络。

前 3 条规则需要存在一个特定的次序，所以它们的位置已经使用 iptables.insert State 显示声明了。最后一条规则需要出现在规则链的底部。所以用 iptables.append 来实现，简直完美。

但是，我们仍然需要为 Web 服务器开放防火墙端口。我们接下来继续添加这些规则到"code base"的 SLS 中，因为其他在这个 State 树中使用 Web 服务器的组件，可能需要不同的端口：

```
# cat /srv/salt/codebase/init.sls

  include
    - firewall
    - httpd
  extend:
    httpd:
      file:
        - source: salt://codebase/httpd.conf
  installed_codebase:
    file.recurse:
      - source: salt://codebase/files
      - name: /opt/codebase
  codebase-web-config:
    file.managed:
      - source: salt://codebase/codebase-apache-vhost.conf
```

```
      - name: /etc/httpd/conf.d/codebase.conf
  port-80-firewall:
    iptables.insert:
      - table: filter
      - chain: INPUT
      - jump: ACCEPT
      - match: state
      - connstate: NEW
      - dport: 80
      - proto: tcp
      - save: True
      - position: -1
      - require:
        - iptables: default_rule
```

和以前一样，"code base"的 SLS 需要"firewall"State。但是，现在明确要求最后一条防火墙规则（拒绝未定义的网络连接）先运行。这是因为防火墙规则次序是规定好的。

Salt 的 `iptables.insert` State 允许声明一个负值 position。这不是内置 iptables 本身的特性，这是 Salt 为这种准确用例加入的便利特性。当声明一个负数时，Salt 就会从规则链尾部开始倒序计数。最后一条规则的 position 是 0（这个 position 应该定义在 `iptables.append`，而不是 `iptables.insert`）。前一条规则的 position 是-1，再前一条的是-2，以此类推。

这个特性允许一个默认的规则设置于规则链的最后，其他规则添加在默认规则之前。好处是用户不需要手动在所有 SLS 树中追踪定义的规则，然后设置最后使用的规则。

`iptables` State 模块还留有一个绝招。最近版本的 iptables 可以检测是否一个规则已经存在于一个规则链中了，如果存在，就不会再次添加进去。这个小诀窍使得声明的 iptables 规则不论对 iptables 本身还是对 Salt 来说都是状态性的。

命名约定

SLS 组织的一个重要方面就是命名结构化。正如我们看到的那样，当组件命名通用化时，就不太可能最后还要重命名。但是，当组件命名确切化时，可能对于一个不熟悉这个 SLS 树的用户来说，更容易搞明白这个 SLS 树试图完成什么。

一个好的命名约定力求在通用性和确切性之间做出油与水的平衡。借用食品和化学界的比喻就是，一个好的命名约定就像乳化剂一样把食谱或配方中的食材联系在一起。

通用命名

在开始构建 SLS 树之前，让我们先尽可能多地规划出主要的组件。举个例子，一个现代化的基础设施可能适当地包含以下组件。

- 一个负载均衡器（load balancer）。
- 一个数据库服务器（database server）。
- 一个 Web 服务器（web server）。
- 一个防火墙（firewall）。
- 一个应用程序代码库（code base）。
- 一个 E-mail 服务器。

在添加次要的组件之前，我们需要先给这些能反映主要组件的目录起名。等价的代码实现如下：

```
/srv/salt/
├── codebase
│     └── init.sls
├── database
│     └── init.sls
├── email
│     └── init.sls
├── firewall
│     └── init.sls
├── load_balancer
│     └── init.sls
└── webserver
        └── init.sls
```

一些主要组件也许可以细分成更小的组件。例如，一个组织可能拥有一台应用 Web 服务器和一台静态资源 Web 服务器，如下代码：

```
/srv/salt/
├── app_webserver
```

```
|      └── init.sls
├── static_webserver
|      └── init.sls
└── webserver
       └── init.sls
```

`app_webserver` 和 `static_webserver` 的 SLS 文件都会引入 Web 服务器的 SLS，然后在此基础上做出自己的添加和修改。你也可以直接使用 GitHub 上 `saltstack-formulas` 仓库中预先做好的模板，URL 地址如下：

https://github.com/saltstack-formulas/。

如果是这种情况，那么你同样可以在 Web 服务器的 SLS 中引入这些模板：

```
/srv/salt/
├── apache-formula
|      └── init.sls
├── app_webserver
|      └── init.sls
├── static_webserver
|      └── init.sls
└── webserver
       └── init.sls
```

确切命名

在这些通用化命名的目录中尽可能确切地命名文件也很重要，但不要太过火以致没法使用。以下的文件名是可以的：

```
apache-acorn-vhost.conf
```

但是，下面这个文件名就太长了：

```
apache-project_acorn_codebase-virtualhosts-non_ssl.conf
```

文件命名成这样的时候，还是试着偷点懒吧。如果一个文件在这个目录中，就意味着这就是本来的目的，那么这个目录名就不需要再次出现在文件名中，除非需要进一步增加确切性。但是，如果使文件名再确切一点，可以避免阅读上的混淆，那么这么做就是值得的。

模板和变量

当我们谈论通用性和确切性的平衡的时候，我们最好也谈谈变量名。一个好的变量名同样适用这种平衡，也会成为 Minion 和 State 树的乳化剂。

嵌套变量

Salt 允许使用分层级的数据结构来定义变量。在某种程度上，这允许变量表现得像目录一样，层级结构可以浅也可以深。

但是，和目录结构不同的是，在深层级结构中搜索变量就不一定那么痛苦了。当你使用平面文件定义一个结构时，可能会发现实际上深层嵌套的结构更易于阅读。让我们把巧克力饼干的配方改成一组 Salt Grain，像下面这样：

```
cookies:
  fats:
    - butter
  sugars:
    - granulated sugar
    - light brown sugar
  wet_ingredients:
    - eggs
    - vanilla extract
  dry_ingredients:
    - flour
    - baking soda
    - baking powder
    - salt
  garnish:
    - chocolate chips
```

现在，想象一下这些变量以浅层次数据结构表现：

```
cookies_fats:
  - butter
cookies_sugars:
  - granulated sugar
  - light brown sugar
```

```
cookies_wet_ingredients:
  - eggs
  - vanilla extract
cookies_dry_ingredients:
  - flour
  - baking soda
  - baking powder
  - salt (non-iodized)
cookies_garnish:
  - chocolate chips
```

跨多种 SLS 文件声明一个包含过多组件的数据结构很容易失控，而且会变得非常笨重。

在模板中引用变量

在一个模板中引用变量的方法有很多，某种程度上是因为首先有很多方法存储变量。在默认安装的 Salt 中，Minion 可以用以下方式获取变量。

- Minion 配置。

- Grain。

- Pillar。

- Master 配置。

最老牌的 Salt 用户可能把变量都存储在 Grain 中，早先的 Salt 用户可能逐步开始把变量从 Grain 迁移到 Pillar。此外，还有很多用例可能更适合将变量存储在 Master 或 Minion 配置中。

如果你想准确查看一个 Grain 的值，只需要简单地在模板中看一眼 Grain 字典即可：

```
{{ grains['foo'] }}
```

你同样可以在模板中使用 grains.item 交叉调用 Grain 执行模块：

```
{{ salt['grains.item']('foo') }}
```

然而，使用 grains.get 才是更可靠的，有额外的好处，允许你在必要时提供一个默认值：

```
{{ salt['grains.get']('foo', 'bar') }}
```

Pillar 数据也可以用同样的方式调用：

```
{{ salt['pillar.get']('foo', 'bar') }}
```

这里最全能的获取变量的方式是调用 config.get，将按照以下顺序查找可能存储变量的地方：

- Minion 配置。

- Grain。

- Pillar。

- Master 配置。

至于调用方法嘛，很显然，看上去应该像是这样：

```
{{ salt['config.get']('foo', 'bar') }}
```

一个很重要的事需要注意，grains.get、pillar.get 和 config.get 是取出嵌套字典中某一项的唯一调用方式。从我们之前的饼干配方中取出液体原料的列表，我们会这么调用：

```
{{ salt['config.get']('cookies:wet_ingredients', []) }}
```

冒号（:）是嵌套字典的层级分隔符。

总结

你会发现当你探索任何项目的最佳实践时，总是有两个反复出现的主题：适应未来的技术决策和给事物以贴合描述它们要做的事情命名（不能多，也不能少）。当按照这些准则实践时，那么结果将易于阅读和维护。

遵循最佳实践对于创建易于维护的环境十分重要。在第 11 章，我们将通过学习寻找各种技术手段排查 Salt 基础设施的故障来结束全书内容。

第 *11* 章

故障排查

不管你使用什么软件，或者这个软件对你多么有用，早晚会遇到各种问题。一些问题只是对软件简单的误解，但是早晚会遇到软件自身的问题。在本章中，我们将会探讨一些对用户有用的工具，并且讨论以下问题。

- 准确识别问题。
- 使用 Salt 的 debug/trace 模式。
- 本地使用 salt-call。
- 处理 YAML 特性语法。
- 使用 Salt 邮件组和问题追踪系统。

什么情况……

运行出错了。而且错误出现时你并不总能注意到，至少不是第一次出现。当你处理时，你可能第一反应是，"嘿，邪门了！"

在真正开始处理问题之前，围绕问题收集一些信息很有帮助，这样你就知道从哪里入手查找解决方案。有人说，真正的程序员用他们的 *CPU* 的高温做爆米花。他们可以说出哪个任务是以爆破的速率运行。当然在解决 Salt 问题的时候你并不需要如此深入，但是多了解一些知识可以帮助你走得更远。

定位问题根源

一个常见的误区是，问题故障排查的过程中，几乎不考虑问题产生的根源。举例来说，如果一下大雨屋顶就漏雨，一些人唯一采取的措施就是找容器接雨，满了就倒掉。太阳出来了，太多人从不考虑冒险爬上屋顶，或者找屋顶专家，去找出并修复漏雨的源头。

处理故障时，定位根源同样也很重要，但除非你也想弄清楚产生症状的原因，否则可能会考虑保持现状。特别要警惕那些看起来没怎么管就自己解决了的问题，它们只是静静等待突然再次出现在你面前的机会而已。

问题出在哪里

很多单系统故障排查很容易，因为它们的复杂性不会超过一台单机。任何网络系统都会增大多系统故障排查的复杂性。

在最初默认的环境下，Salt 总是至少包含两个组件：Master 和 Minion。在使用多年以后，就未必还是这种架构了。一些 Master 端的操作可以在没有 Minion 时执行，同样一些 Minion 端的操作也可以在没有 Master 时执行。事实上，一些组织在他们的基础设施中没有引入 Master，所有的操作都用第三方组件编排 Minion 本地执行。

当 Salt 出现问题的时候，第一步往往要找出哪个组件故障是导致问题的根源。让我们一起来看一些例子。

Master 到 Minion 端的连接故障

假设一个任务从 Master 发送到一个 Minion，Minion 没有响应。至少有两个潜在的可能产生问题的地方，Master 端故障和 Minion 端故障。

许多用户会做的第一件事就是发送一个非常简单的任务到 Minion，看看是否有响应。最简单的任务是 test.ping，当运行正常的时候，将返回 True。

如果发送 test.ping 的确返回了 True，那么我们就已经知道了一些信息片段。

- Master 正常运行。
- Minion 正常运行。
- Master 和 Minion 间存在网络连接。
- Master 可以访问到 Minion。

什么情况……

- Minion 可以访问到 Master。

这意味着 Salt 本身和基本组件都运行正常。实际上，这强烈暗示着 Master 本身运行正常，问题可能存在于 Minion。

网络和 CPU 拥塞

可能一个 `test.ping` 只是断断续续地返回 True。事实上可以返回 True 首先强烈说明：

- Master 和 Minion 的连接是有效的。
- 任何在 Master 和 Minion 间的网关、防火墙和交换机的配置都是正确的。

一个或多个在 Master 和 Minion 间的网段可能遇到了拥塞。这很有可能是这些网段跨越了互联网。

还有可能 Master 或 Minion，或者两者都处于高 CPU 负载下。在 Master 执行 `uptime` 命令，会显示自己在过去的 1 分钟、5 分钟、15 分钟的平均负载。在一个 UNIX 或 Linux Minion 检查 `status.loadavg` 会同样显示这些信息。

详细解释平均负载可能非常棘手，因为这并不能反映 CPU 占用的百分比。更重要的是，在一个多处理的系统上解释这个很可能误导外行人，所以让我们简单描述下就行了。

系统平均负载是进程处于运行状态或非中断状态的平均值。运行状态是进程当前正在占用 CPU 周期，或正在等待 CPU 周期。非中断状态是进程正在等待某种 I/O 访问发生（通常是磁盘）。

在单处理器系统上，平均负载达到 1 意味着当前系统 CPU 此时 100% 繁忙，小于 1 表明 CPU 还有一些空闲时间，大于 1 表明一个或多个进程正在等待使用 CPU。

在多核心或多处理器的系统上，这个值会在每个核心或处理器上叠加。举个例子，在一个双核系统中，值是 2 表明 2 个 CPU 此时都 100% 繁忙。在一个 4 核系统上，值是 4 代表此时 4 个 CPU 都 100% 繁忙。

因为这个平均负载报告了 1、5 及 15 分钟系统的平均负载，我们就有了一组少量的历史数据可以告诉我们当消息从 Master 发来的时候，系统是否处于繁忙阶段而没有正确处理，所以我们应该尽快检查这个值。

在 Windows Minion 上检查 `status.cpuload` 将会以百分比形式显示 CPU 负载。这不同于平均负载，因此解释是不同的。Windows 的 CPU 负载是参照处理器工作时间占比，而不是空闲时间占比。

举例说明，在一个 2 GHz 的处理器上，CPU 负载 50% 表明处理器每秒执行十亿个周期。像 UNIX 和 Linux 一样，多核心和多处理器将会叠加这个值，在某种程度上，任务在多核心和多处理器上切换将会增加这个百分比。

检查 Minion 的负载

如果一个 Minion 只是间歇性响应，手工登录到 Minion 上排查可能更可靠。如何登录并检查负载取决于你是在排查 UNIX、Linux，还是 Windows Minion。

在 Linux 上，我们假设你通过 SSH 连接和发送命令。检查 Minion 负载的标准工具是 top，显示了哪个进程是最消耗资源的。默认情况下，每 2 秒刷新一次，但是可以通过敲击空格键手工刷新。然而，当你想看报告 2 秒以上，亦或者你想保存这份报告时，自动刷新可能会妨碍到你。尝试这个命令：

```
# top -b -n1
```

-b 在命令中让 top 以 batch 模式启动，执行指定的迭代次数后退出。-n1 将会设置迭代次数为 1，意味着将会生成一个单独的报告，然后 top 退出。

这份报告非常像 top 的标准输出，但所有的进程都会显示，因为它不需要担心屏幕的实际显示空间。

```
top - 15:25:08 up 16 days, 15 min, 25 users,  load average: 0.15,
0.40, 0.52
Tasks: 273 total,   1 running, 272 sleeping,   0 stopped,   0 zombie
%Cpu(s):  9.2 us,  7.6 sy, 24.1 ni, 58.6 id,  0.6 wa,  0.0 hi,  0.0
si,  0.0 st
GiB Mem :   15.367 total,    2.421 free,    6.789 used,    6.157 buff/
cache
GiB Swap:   8.000 total,    8.000 free,    0.000 used.    6.774 avail
Mem

  PID USER       PR  NI    VIRT    RES  %CPU %MEM     TIME+ S COMMAND
  368 larry      19  -1  339.3m  73.2m   6.7  0.5 145:04.32 S Xorg
  433 larry      20   0 1692.4m 488.3m   6.7  3.1 486:44.41 S chromium
  531 larry       9 -11  668.9m  15.0m   6.7  0.1   1609:12 S
pulseaudio
  563 larry      20   0 3157.3m 695.4m   6.7  4.4 193:55.73 S chromium
 4846 larry      20   0 1585.1m 296.7m   6.7  1.9 361:15.15 S chromium
```

什么情况……   239

```
11791 root       20    0 1011.9m   30.7m    6.7   0.2 166:36.88 S salt-
master
30205 larry       20    0  925.7m 130.9m    6.7   0.8  73:21.05 S chromium
    1 root        20    0   33.7m    4.8m    0.0   0.0   0:20.06 S systemd
    2 root        20    0    0.0m    0.0m    0.0   0.0   0:00.25 S kthreadd
    3 root        20    0    0.0m    0.0m    0.0   0.0   0:39.95 S
ksoftirqd/0
    5 root         0  -20    0.0m    0.0m    0.0   0.0   0:00.00 S
kworker/0:0H
    7 root        20    0    0.0m    0.0m    0.0   0.0   3:41.63 S rcu_
preempt
    8 root        20    0    0.0m    0.0m    0.7   0.0   0:00.10 S rcu_sched
    9 root        20    0    0.0m    0.0m    0.0   0.0   0:00.00 S rcu_bh
   10 root        rt    0    0.0m    0.0m    0.0   0.0   0:00.72 S
migration/0
...etc...
```

因为 top 针对所有进程执行计算，所以能生成百分比占用信息，正如上面看到的那样。这个信息对于排查负载问题是非常宝贵的。

在 Windows 上，也有个类似的排查 CPU 负载的工具，因为是图形界面显示，所以并不像 Linux 那样可以生成一个纯文本报告。**任务管理器**可以通过热键 *Ctrl-Alt-Del* 然后单击**任务管理器**打开。

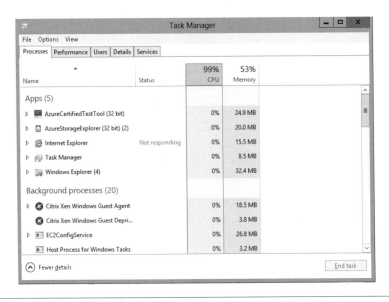

不像 UNIX 和 Linux 下的 `top` 那样，**任务管理器**并不会自动刷新，所以没必要为长时间观看生成报告。**任务管理器**将会显示 CPU 百分比，就像 `status.cpuload` 执行的那样。同样也会显示像 `top` 一样的应用程序占比。

查询 Salt 的任务数据

某些任务比其他的要花费更长时间。假设没有网络和 CPU 拥塞的问题，并且 Salt 自身运转都正常，至少有一个 Minion 立即返回 `test.ping` 的结果。

在成百上千规模的 Minion 下，等待每个 Minion 的返回可能会花很长时间。请注意 Salt 是异步架构，当命令下发给 Minion 时，只要 Minion 运行正常，Minion 总是会在完成它们的任务后返回。`salt` 命令会监听返回总线几秒（默认 10），一旦有任何命令耗时比超时时间要长，就不会显示。

Salt 任务系统会在收到返回数据时缓存，并同样用于以后查询。要看到这个过程，从 Master 上运行以下命令：

```
# salt --async myminion test.sleep 60

    Executed command with job ID: 20150704100203488893

# salt-run jobs.active

    20150704100203488893:
        ----------
        Arguments:
            - 60
        Function:
            test.sleep
        Returned:
        Running:
            |_
              ----------
              myminion:
                  18788
        StartTime:
            2015, Jul 04 10:02:03.488893
        Target:
            myminion
```

什么情况……   241

```
        Target-type:
            glob
        User:
            sudo_larry
```

 # salt myminion saltutil.running

```
    myminion:
        |_
          ----------
          arg:
              - 60
          fun:
              test.sleep
          jid:
              20150704100203488893
          pid:
              19094
          ret:
          tgt:
              myminion
          tgt_type:
              glob
          user:
              sudo_larry
```

 # salt myminion saltutil.find_job 20150704100203488893

```
    myminion:
        ----------
        arg:
            - 60
        fun:
            test.sleep
        jid:
            20150704100203488893
        pid:
            19014
        ret:
```

```
    tgt:
        myminion
    tgt_type:
        glob
    user:
        sudo_larry
```

一旦任务完成运行，你可以看到这样的返回数据：

 # salt-un jobs.lookup_jid 20150704100203488893

```
    myminion:
        True
```

使用 debug 和 trace 模式

每个 Salt 命令都能通过调整日志级别来改变显示给用户的信息量。以下每个日志级别及对应解释是 Salt 最通用的。

info

这是每条 Salt 命令的默认日志级别。该级别展示给所有用户最基本的有用信息，但是不是实际的 Salt 命令返回输出的一部分。

warn

这个级别用于某些运行错误，但是并非严重到引起 Salt 崩溃的错误时使用。一般情况下，这个级别用于通知用户他们使用了 Salt 已经废弃的方法。一旦发生，这个消息将会通知你升级新的用法。

error

用于显示一些 Salt 已经不能自我修复的错误，Salt 通常无法完成正在执行的任务就强行退出，同时给你一些相关的错误信息。

debug/trace

这些模式通常只保留给管理员和开发者，用于编写代码或故障排查。这两种模式输出都十分详细，但 trace 级别更加繁杂。

debug 模式可能包含一些对最终用户有用的信息，比如 HTTP 调用响应的状态码，或者一条执行过的 shell 命令的名字。

trace 模式通常应该避免使用，除非你正在编写代码。这个模式包含了诸如 HTTP 响应、shell 命令输出等详情。

要改变输出到屏幕的日志级别，使用-l 或--log-level：

```
# salt -l debug myminion test.ping
    [DEBUG   ] Reading configuration from /etc/salt/master
    [DEBUG   ] Using cached minion ID from /etc/salt/minion_id:  myminion
    [DEBUG   ] Missing configuration file: /root/.saltrc
    [DEBUG   ] Configuration file path: /etc/salt/master
    [DEBUG   ] Reading configuration from /etc/salt/master
    [DEBUG   ] Using cached minion ID from /etc/salt/minion_id:  myminion
    [DEBUG   ] Missing configuration file: /root/.saltrc
    [DEBUG   ] MasterEvent PUB socket URI: ipc:///var/run/salt/master/
    master_event_pub.ipc
    [DEBUG   ] MasterEvent PULL socket URI: ipc:///var/run/salt/master/
    master_event_pull.ipc
    [DEBUG   ] Initializing new AsyncZeroMQReqChannel for ('/etc/salt/pki/
    master', 'dufresne_master', 'tcp://127.0.0.1:4506', 'clear')
    [DEBUG   ] LazyLoaded local_cache.get_load
    [DEBUG   ] get_iter_returns for jid 20150704104519952743 sent to
    set(['myminion']) will timeout at 10:45:24.975093
    [DEBUG   ] jid 20150704104519952743 return from  myminion
    [DEBUG   ] LazyLoaded nested.output
    myminion:
        True
    [DEBUG   ] jid 20150704104519952743 found all minions
    set(['myminion'])
```

要改变发送到日志文件的日志级别，使用--log-file-level：

```
# salt --log-file-level debug myminion test.ping
```

要改变日志文件的路径，使用--log-file：

```
# salt --log-file /tmp/salt.log myminion test.ping
```

在 debug 模式下运行服务

当排查 Master 和 Minion 间的故障时，往往将这两个服务都以 debug 日志级别运行在前台很有用。

登录到 Master，关闭 salt-master 服务：

```
# service salt-master stop
```

然后，以 debug 模式启动：

```
# salt-master -l debug
```

大量的信息将会飘过，但是最终你会看到一些夹杂在输出行中，表示 Master 已经启动并监听队列的信息：

```
[INFO    ] Worker binding to socket ipc:///var/run/salt/master/
workers.ipc
[DEBUG   ] MasterEvent PUB socket URI: ipc:///var/run/salt/master/
master_event_pub.ipc
[DEBUG   ] MasterEvent PULL socket URI: ipc:///var/run/salt/master/
master_event_pull.ipc
```

一旦出现这些信息，Master 就已经准备好接收 Minion 的数据了。登录到有问题的 Minion 并关闭 salt-minion 服务：

```
# service salt-minion stop
```

然后，以 debug 模式启动 Minion：

```
# salt-minion -l debug
```

同样，一大段信息（虽然不多）将会飘过，最终停在 Minion 完成建立 socket 文件：

```
[DEBUG   ] MinionEvent PUB socket URI: ipc:///var/run/salt/minion/
minion_event_0348bb4768_pub.ipc
[DEBUG   ] MinionEvent PULL socket URI: ipc:///var/run/salt/minion/
minion_event_0348bb4768_pull.ipc
```

什么情况……   245

这个信息说明 Minion 现在已经连接到 Master 了，正在监视消息队列。

在 Master 上另行打开一个 shell，发送一个命令到 Minion：

```
# salt myminion test.ping
```

切换到运行着 debug 模式的 salt-master 的 shell 中，你应该能看到另一堆信息：

```
[DEBUG   ] Sending event - data = {'_stamp': '2015-07-
04T17:40:14.817522', 'minions': ['myminion']}
[DEBUG   ] Sending event - data = {'tgt_type': 'glob', 'jid':
'20150704114014817167', 'tgt': 'myminion', '_stamp': '2015-07-
04T17:40:14.817831', 'user': 'sudo_larry', 'arg': [], 'fun': 'test.
ping', 'minions': ['myminion']}
[DEBUG   ] Could not LazyLoad local.save_load
[INFO    ] User sudo_larry Published command test.ping with jid
20150704114014817167
[DEBUG   ] Published command details {'tgt_type': 'glob', 'jid':
'20150704114014817167', 'tgt': 'myminion', 'ret': 'local', 'user':
'sudo_larry', 'arg': [], 'fun': 'test.ping'}
[DEBUG   ] LazyLoaded local_cache.prep_jid
[INFO    ] Got return from myminion for job 20150704114014817167
[DEBUG   ] Sending event - data = {'fun_args': [], 'jid':
'20150704114014817167', 'return': True, 'retcode': 0, 'success': True,
'cmd': '_return', '_stamp': '2015-07-04T17:40:14.893997', 'fun':
'test.ping', 'id': 'myminion'}
```

如果你再切换到运行着 debug 模式的 salt-minion 进程的窗口，你同样会看到一些关于这个任务的信息：

```
[INFO    ] User sudo_larry Executing command test.ping with jid
20150704114014817167
[DEBUG   ] Command details {'tgt_type': 'glob', 'jid':
'20150704114014817167', 'tgt': 'myminion', 'ret': 'local', 'user':
'sudo_larry', 'arg': [], 'fun': 'test.ping'}
[INFO    ] Starting a new job with PID 22092
[DEBUG   ] LazyLoaded test.ping
[INFO    ] Returning information for job: 20150704114014817167
[DEBUG   ] Initializing new AsyncZeroMQReqChannel for ('/etc/salt/pki/
minion', 'myminion', 'tcp://127.0.0.1:4506', 'aes')
```

```
[DEBUG    ] Initializing new SAuth for ('/etc/salt/pki/minion',
'myminion', 'tcp://127.0.0.1:4506')
[DEBUG    ] LazyLoaded local.returner
{'fun_args': [], 'jid': '20150704114014817167', 'return': True,
'retcode': 0, 'success': True, 'fun': 'test.ping', 'id': 'myminion'}
```

如果 Minion 上的进程处理这个任务有问题，那么有用的信息很可能就在这里显示。为了验证这一点，继续在 Minion 上创建一个执行模块，故意使用会报错的代码：

 # cat /usr/lib/python2.7/site-packages/salt/modules/mytest.py

```
def badcode():
    die()
```

使用 *Ctrl-C* 快捷键停掉 salt-minion 进程，然后重启：

 # salt-minion -l debug

切换到 Master shell 上，运行一个会执行报错代码的命令：

 # salt myminion mytest.badcode

在这个 shell 窗口上，你可能看到一些关于错误代码的信息：

```
myminion:
    The minion function caused an exception: Traceback (most recent
call last):
        File "/usr/lib/python2.7/site-packages/salt/minion.py", line
1037, in _thread_return
            return_data = func(*args, **kwargs)
        File "/usr/lib/python2.7/site-packages/salt/modules/mytest.py",
line 2, in badcode
            die()
    NameError: global name 'die' is not defined
```

如果你切换到 salt-minoin 进程，你会再次看到 traceback：

```
[INFO    ] User sudo_larry Executing command mytest.badcode with jid
20150704115054076084
[DEBUG   ] Command details {'tgt_type': 'glob', 'jid':
'20150704115054076084', 'tgt': 'myminion', 'ret': 'local', 'user':
'sudo_larry', 'arg': [], 'fun': 'mytest.badcode'}
[INFO    ] Starting a new job with PID 22669
```

什么情况……

```
[DEBUG   ] LazyLoaded mytest.badcode
[WARNING ] The minion function caused an exception
Traceback (most recent call last):
  File "/usr/lib/python2.7/site-packages/salt/minion.py", line 1037,
in _thread_return
    return_data = func(*args, **kwargs)
  File "/usr/lib/python2.7/site-packages/salt/modules/mytest.py", line
2, in badcode
    die()
NameError: global name 'die' is not defined
[DEBUG   ] SaltEvent PUB socket URI: ipc:///var/run/salt/minion/
minion_event_0348bb4768_pub.ipc
[DEBUG   ] SaltEvent PULL socket URI: ipc:///var/run/salt/minion/
minion_event_0348bb4768_pull.ipc
[DEBUG   ] Sending event - data = {'message': u'The minion function
caused an exception', 'args': ('The minion function caused an
exception',), '_stamp': '2015-07-04T17:50:54.114916'}
[DEBUG   ] Handling event "_salt_error\n\n\x83\xa7message\xda\x00'The
minion function caused an exception\xa4args\x91\xda\x00'The minion
function caused an exception\xa6_stamp\xba2015-07-04T17:50:54.114916"
[DEBUG   ] Forwarding salt error event tag=_salt_error
[DEBUG   ] Initializing new AsyncZeroMQReqChannel for ('/etc/salt/pki/
minion', 'myminion', 'tcp://127.0.0.1:4506', 'aes')
[DEBUG   ] Initializing new SAuth for ('/etc/salt/pki/minion',
'dufresne', 'tcp://127.0.0.1:4506')
[INFO    ] Returning information for job: 20150704115054076084
[DEBUG   ] Initializing new AsyncZeroMQReqChannel for ('/etc/salt/pki/
minion', 'myminion', 'tcp://127.0.0.1:4506', 'aes')
[DEBUG   ] Initializing new SAuth for ('/etc/salt/pki/minion',
'myminion', 'tcp://127.0.0.1:4506')
[DEBUG   ] LazyLoaded local.returner
{'fun_args': [], 'jid': '20150704115054076084', 'return': 'The minion
function caused an exception: Traceback (most recent call last):\n
File "/usr/lib/python2.7/site-packages/salt/minion.py", line 1037,
in _thread_return\n    return_data = func(*args, **kwargs)\n  File "/
usr/lib/python2.7/site-packages/salt/modules/mytest.py", line 2, in
badcode\n    die()\nNameError: global name \'die\' is not defined\n',
```

```
'success': False, 'fun': 'mytest.badcode', 'id': 'myminion', 'out':
'nested'}
```

本地使用 salt-call

很多时候，在 Minion 上直接发出命令而不涉及 Master 是非常有用的，或者至少是最小化 Master 的通信方式。salt-call 命令无论是否是本地模式都可以运行：

```
# salt-call test.ping
# salt-call --local test.ping
```

这两个命令不同的地方在于，第 1 个命令仍然连接到 Master 请求数据，比如 Pillar 数据，比如从 Master 文件服务器获取文件（有必要的话）等。第 2 个命令告诉 Minion 以无 Master 形式运行，并从本地查找信息。如果数据已经直接设置在 Minion 上的 file_roots 或 pillar_roots，将会直接使用这些数据而不是连接到 Master。

```
# salt-call mytest.badcode
    [ERROR    ] An un-handled exception was caught by salt's global
    exception handler:
    NameError: global name 'die' is not defined
    Traceback (most recent call last):
      File "/usr/bin/salt-call", line 11, in <module>
        salt_call()
      File "/usr/lib/python2.7/site-packages/salt/scripts.py", line 224,
    in salt_call
        client.run()
      File "/usr/lib/python2.7/site-packages/salt/cli/call.py", line 50,
    in run
        caller.run()
      File "/usr/lib/python2.7/site-packages/salt/cli/caller.py", line
    133, in run
        ret = self.call()
      File "/usr/lib/python2.7/site-packages/salt/cli/caller.py", line
    196, in call
        ret['return'] = func(*args, **kwargs)
      File "/usr/lib/python2.7/site-packages/salt/modules/mytest.py", line
    2, in badcode
```

```
die()
```

```
NameError: global name 'die' is not defined
```

如果你在 Minion 上使用 salt-call 发送命令，并且当 salt-minion 进程在前台运行时，你会发现前台窗口不会对你的命令做出响应。

这是因为，salt-call 命令会发起一个自用一次性的 salt-minion 进程，执行请求的任务，然后退出。它不会和其他运行中的 salt-minion 进程发生交互。

和 YAML 打交道

YAML 是一种非常易于相处的语言。对人来说易于阅读，在大多数场景下，对计算机来说也是易于解析的。然而，YAML 中存在一些小问题，甚至让那些最有经验的用户也感到头疼。

YAML 基础

在我们排查 YAML 问题之前，让我们先复习一下可能用到的 Salt 的基础知识。

YAML 是基于键值对的模型，在多数编程语言中很常见。在 Perl 和 Ruby 中这叫 *hash*，在 Python 中这叫 *dictionary*（或简称 *dict*），在其他语言中还有别的名字。因为 Salt 使用 Python 编写，所以后面我们会将其称为字典（dict）。

字典

每个字典是一组键的集合，每个键都有一个值。这个值可以是很多东西，包括一个字符串、一个数字、一个列表（或数组）、另一个字典等。下面是一个非常基本的字典，使用 YAML 语法：

```
larry: cheesecake
shemp: chocolate cake
moe: apple pie
```

字典中项目的顺序通常不重要，更多情况下可能直接被忽略。Salt 有些不同，有些代码使用了所谓的有序字典（OrderedDict），保持了键和与之关联的值的顺序。其中一个用在了 State 编译器，用于评估 SLS 数据出现的位置。

列表

一个列表就是：一组特定顺序的项。列表次序总是会保留下来，至少是在读入并解析数据期间。在 YAML 中，列表中的项都是前面带一个短横线：

```
- apples
- oranges
- bananas
```

在 Salt 中，你通常在 YAML 本身不会发现列表。它们经常作为字典中键的值出现。无论如何，一个列表的项可以包含一个字典，甚至是其他的列表。

```
favorite_desserts:
  larry: cheesecake
  shemp: chocolate cake
  moe: apple pie
fruits:
  - apples
  - oranges
  - bananas
  - berries:
    - nightshade:
      - tomato
      - chile
```

在 YAML 中有很多方式组织这些字典和列表。在 Salt 中最常见的方法是使用空格和前面两种数据结构。此外，YAML 还支持使用大括号和中括号组织数据。

```
favorite_desserts: {larry: cheesecake, shemp: chocolate cake, moe:
apple pie}
fruits: [apples, oranges, bananas, berries: [nightshade: [tomato,
chile]]]
```

YAML 中的项也可以带引号，使其更容易被编译器解析，同时在多数情境下，也更利于人阅读：

```
'favorite_desserts': {'larry': 'cheesecake', 'shemp': 'chocolate
cake', 'moe': 'apple pie'}
'fruits': ['apples', 'oranges', 'bananas', 'berries': ['nightshade':
['tomato', 'chile']]]
```

单引号（'）和双引号（"）都可以使用。通常双引号是更好的选择，有两个原因。第一，这可以避免在人的对白文本中使用转义字符。第二，如果使用了双引号，并且整个结构设计成一个正确格式的字典或列表，YAML 就可以直接被 JSON 解释器读取：

```
{"favorite_desserts": {"shemp": "chocolate cake", "larry":
"cheesecake", "moe": "apple pie"}, "fruits": ["apples", "oranges",
"bananas", {"berries": [{"nightshade": ["tomato", "chile"]}]}]}
```

这就是为什么所有的 JSON 都是语法正确的 YAML，YAML 实际上是 JSON 的一个超集。

YAML 特色

如果你决定所有的 YAML 数据都用 JSON 格式，那么它总是能被计算机正确解析。然而，这对人来说难以阅读和修改。这就是为什么 YAML 通常是 Salt State 的首选。

然而，也有一些 YAML 中的细微差别会绊倒那些专业用户，特别是他们没有足够重视的时候。

空格

不用大括号和中括号的时候，YAML 使用空格决定文本的起止块。如果一个字典包含另一个字典，那么第 2 个字典将会在每一行开始包含空格。从技术角度上讲，一个空格就足够了，但是 Salt 已经规定必须是两个空格。这足以确定行的起始，而不至于太多余。

```
mydict:
  item1: value1
  item2: value2
```

如果你花了很多时间写代码，你可能对空格数已经有了自己的偏好。一些程序员使用 3 个或 4 个空格，甚至还有些使用多达 8 个空格。

当使用 YAML 和 Salt 打交道时，忍住使用非两个空格的诱惑。首先，整篇都是大量空格的 YAML 看起来十分怪异——长时间写 YAML 的话你一定明白我的意思。第二，Salt 社区更倾向于遵循 Salt 的两个空格模式。当寻求帮助，或招聘有经验的 Salt 用户的时候，让他们重新调整自己的风格去适应你的风格简直太痛苦。

从技术上讲，字典中的列表项通常不需要被空格隔开：

```
mylist:
  - one
  - two
  - three
```

但是用空格分开它们依旧是很棒的做法。不只是因为这更易于人阅读，而且实际上在一些情况下，同样更易于 Salt 读取。

数字

YAML 通常是有能力区分文本和数字的。但是，有些情况下需要强制 YAML 做正确的区分。

一个很常见的例子是 UNIX 和 Linux 的文件模式。打个比方，一个目录可能的模式是 755，意味着属主和属组有完全（读、写、执行）权限，而其他用户只有读和执行权限。

这个数字实际上是一组以八进制比特存储的数字。它除了包含 User、Group 和前面展示的 Other 字段，还包括更多字段。例如，开头还可以加一个比特，指定特殊属性（SUID、SGID 和 Sticky）。一个 0775 模式看上去和 775 完全一样，但是它将执行清除特殊位权限的设置。

当数字出现在 YAML 的时候，将会假设它们是十进制的，并且任何前导 0 都会被清掉。如果你需要明确地设置目录的权限是 0775，就会出问题。为了让 Salt 看到正确的值，比如把它放到引号中转成字符串类型（'0775'）。下面的 SLS 数据就显示了这个例子：

```
/srv/mydata/:
  file.directory:
    - mode: '0775'
```

布尔值

布尔值指的是 True 或 False（在 Python 中也可以是 None）两个值。这些数据在 Salt 及 YAML 文件中非常常用。如果你在 YAML 中把所有值都用引号引起来，非常可能把你自己误导了。比如下面两个 key 的值就不同：

```
key1: True
key2: 'True'
```

YAML 会把第 2 行的转换成字符串，不像第 1 行会当作布尔数据类型。

JSON 添加了额外的易混淆的元素，因为 JSON 不仅支持布尔类型，还支持其他数据类型。当发现非引号数据时，将执行严格性检查。下面的行是一个合法的 JSON：

```
{"key": "True"}
```

下面这行就不是：

```
{"key": True}
```

Salt 通常会基于接收到的信息做最合适的事情。例如，State 编译器会尝试正确地读取布尔类型，尽管布尔值在引号中，本来和期望的类型有冲突，但也无妨。

列表项

在 YAML 中一个非常常见的错误就是列表项忘了加空格。因为每一个列表项都相当于一个项目符号，并且文字处理软件项目符号后面不需要跟空格，所以很多用户经常会忘记在列表项的短横线后面加入必要的空格。下面的列表是合法的 YAML：

```
- one
- two
- three
```

但是下面的列表不能被正确读取：

```
-one
-two
-three
```

YAML 排错

对熟练的用户来说书写 YAML 可能很容易，但也很容易犯错。往往到解析的时候我们才会发现 YAML 的错误。

 一个非常赞的在线 YAML 解析器：http://yaml-online-parser.appspot.com/。

这个工具可以让用户输入 YAML，然后翻译成 JSON、Python 的 *pretty print* 格式，或者规范的 YAML。如果在 YAML 中有错，会立刻抛出错误告知问题所在。

但是，如果你在受限的互联网访问环境下，则这是没用的，比如这个网站不可访问。幸运的是，可以在一个安装了 Python 的机器（比如任何 Master 或 Minion）上用命令行执行非常类似的测试。

创建一个文件/tmp/yaml.yml，包含以下内容：

```
mylist:
  - one
  - two
  - three
```

然后，使用下面一行命令解析它：

```
# python -c 'import yaml; fh = open("/tmp/yaml.yml", "r"); print(yaml.safe_load(fh.read()))'
```

Ok，要输入的内容还真不少。幸运的是，如果你使用的是一个支持命令历史的命令行解释器（比如 bash 或 zsh），你只需要使用上方向键就可以再次发送执行过的命令。

然后开始修改/tmp/yaml.yml，删掉其中一个列表项前面的空格：

```
mylist:
  - one
  - two
- three
```

然后，再次执行 Python 命令：

```
# python2 -c 'import yaml; fh = open("/tmp/yaml.yml", "r"); print(yaml.safe_load(fh.read()))'
```

```
Traceback (most recent call last):
  File "<string>", line 1, in <module>
  File "/usr/lib/python2.7/site-packages/yaml/__init__.py", line 93,
in safe_load
    return load(stream, SafeLoader)
  File "/usr/lib/python2.7/site-packages/yaml/__init__.py", line 71,
in load
    return loader.get_single_data()
  File "/usr/lib/python2.7/site-packages/yaml/constructor.py", line
37, in get_single_data
    node = self.get_single_node()
```

```
  File "/usr/lib/python2.7/site-packages/yaml/composer.py", line 36,
in get_single_node
    document = self.compose_document()
  File "/usr/lib/python2.7/site-packages/yaml/composer.py", line 55,
in compose_document
    node = self.compose_node(None, None)
  File "/usr/lib/python2.7/site-packages/yaml/composer.py", line 84,
in compose_node
    node = self.compose_mapping_node(anchor)
  File "/usr/lib/python2.7/site-packages/yaml/composer.py", line 127,
in compose_mapping_node
    while not self.check_event(MappingEndEvent):
  File "/usr/lib/python2.7/site-packages/yaml/parser.py", line 98, in
check_event
    self.current_event = self.state()
  File "/usr/lib/python2.7/site-packages/yaml/parser.py", line 439, in
parse_block_mapping_key
    "expected <block end>, but found %r" % token.id, token.start_mark)
yaml.parser.ParserError: while parsing a block mapping
  in "<string>", line 1, column 1:
    mylist:
    ^
expected <block end>, but found '-'
  in "<string>", line 4, column 1:
    - three
    ^
```

最后几行提供了一些 YAML 解析器认为可能有问题的地方。这些信息可能不是世界上最易于解释的信息，但是会告诉你是否有不正确的 YAML 格式和去哪找这些问题。

你可能有兴趣了解，还有个类似的可以解析 JSON 文本的命令：

```
# python2 -c 'import json; fh = open("/tmp/json.json", "r"); print(json.loads(fh.read()))'
```

寻求社区帮助

Salt 拥有一个非常庞大的社区，入驻着一群乐善好施的用户。当你自己无法搞定一个问题的时候，不妨试试寻求社区帮助。

salt-users 邮件列表

有一个非常活跃的 Salt 用户邮件列表托管在 Google Group 上。加入邮件列表本身不需要有 Google 账户，但是在 Web 版本参与的话是需要的。

> Web 版本的邮件列表可以访问这个地址：`https://groups.google.com/forum/#!forum/salt-users`。
> 如果你没有 Google 账户，也想订阅邮件列表，访问这里：`https://groups.google.com/forum/#!forum/saltusers/join`。

填写必填字段后，会发送给你一封确认 E-mail。单击 **Join This Group** 链接，你就会接受订阅。

> 如果你决定退订，你可以访问这里：`https://groups.google.com/forum/#!forum/salt-users/unsubscribe`。

提问问题

当你有关于 Salt 使用方面的问题时，或者你试图解决排查一个问题时，邮件列表是一个很好的提问场所。发送消息前，最好尽可能翔实准确地描述你的问题，但也不要长篇大论。

了解你使用的 Master 版本和与之关联的 Minion 版本（如果它们不同）很有用。版本号可以通过 Salt 的 `--versions-report` 标记获得：

```
# salt --versions-report

    Salt Version:
              Salt: 2015.8.0

    Dependency Versions:
           Jinja2: 2.7.3
        M2Crypto: 0.22
```

```
            Mako: Not Installed
          PyYAML: 3.11
           PyZMQ: 14.6.0
          Python: 2.7.10 (default, May 26 2015, 04:16:29)
            RAET: 0.6.3
         Tornado: 4.2
             ZMQ: 4.1.2
           ioflo: 1.2.1
         libnacl: 1.4.0
     msgpack-pure: Not Installed
   msgpack-python: 0.4.6
        pycrypto: 2.6.1


System Versions:
            dist:
         machine: x86_64
         release: 4.0.5-1-ARCH
```

如果你问的问题涉及 Salt Cloud，确保同样使用--versions-report 获取相关信息，这将包含关于 Salt Cloud 的详细信息：

 # salt-cloud --versions-report

```
    Salt Version:
            Salt: 2015.8.0
    Dependency Versions:
     Apache Libcloud: 0.17.1-dev
    ...etc...
```

如果你不提供的话，其他用户经常会问这些信息，所以，为了节省时间，你最好在发送之初就带上这些信息。

提问的时候，试着尽可能简短清晰地描述你的情景。和其他用户遇到同一类问题是极其常见的，尤其是在相同的发布版本下，这是一个好机会，有人已经遇到你的问题了，或者已经有了解决方案，或者可以合作共同找出解决方案。

当你没有很快得到回复时也不要气馁。由于 Salt 用户遍布全球，乐意帮助你的人可能和你并不在同一个时区。他们也非常乐意使用周末和假期的时间来回答你的问题。

如果等了几天还是没人回复，请不要重复提问。可能已经有人看到你的消息，已经打算回复，但是在忙别的事，还有可能是那些能帮助你的人没有第一时间看到你的消息。

我查看了多年以来大量的用户消息，一两个小时以后就不耐烦了，全是"Is anybody there?"（有人在吗?）邮件。这根本不能加快你的信息传送，事实上也阻挡了想要回答你问题的人。友好和耐心，是好运的关键。

Salt 问题追踪系统

当你遇到了你确信是 Salt 本身的问题时，问题追踪系统是你主要去反馈的地方。

 Salt 问题追踪系统可以在这里找到：https://github.com/saltstack/salt/issues。

偶尔也有用户在问题追踪系统中提问题的，虽然会像其他问题那样同样受到关注，但是通常邮件列表才是这些问题的最佳去所。[1]

当判断一个问题（problem）是否是一个"问题"（issue）的时候，先问问自己是不是对 Salt 的使用方式理解有误，或者是否是你的误操作导致了 Salt 和预期不一致。traceback 总是利于问题追踪的。本章之前已经有一些错误堆栈信息示例了，这里再提供一个参考：

```
Traceback (most recent call last):
  File "/usr/bin/salt-call", line 11, in <module>
    salt_call()
  File "/usr/lib/python2.7/site-packages/salt/scripts.py", line 224,
in salt_call
    client.run()
  File "/usr/lib/python2.7/site-packages/salt/cli/call.py", line 50,
in run
    caller.run()
  File "/usr/lib/python2.7/site-packages/salt/cli/caller.py", line
133, in run
    ret = self.call()
  File "/usr/lib/python2.7/site-packages/salt/cli/caller.py", line
196, in call
    ret['return'] = func(*args, **kwargs)
```

---

[1]译者就常干这样的事。——译者注

```
    File "/usr/lib/python2.7/site-packages/salt/modules/mytest.py", line
2, in badcode
    die()
NameError: global name 'die' is not defined
```

 注意堆栈跟踪信息以单词 *traceback* 开始，一直显示到产生错误的实际代码
行处。

递交前先搜索

当递交一个问题的时候，先搜索一下是很重要的。尽管在 Salt 的问题追踪系统上重复问题
比较罕见，至少相比其他问题来说是这样的，但是这类问题确实出现过。在问题追踪系统
中使用搜索按钮看看是否你的问题已经被其他人递交过。

GitHub 允许你为搜索创建过滤器，知道怎么去用同样也很重要。它们会在问题搜索框中显
示。默认的过滤器是 **is:open** 和 **is:issue**，这意味着只会搜索处于 open 状态的问题，而不会
搜索 pull request。

如果使用默认的过滤器搜不到想要的结果，试试修改 **is:open** 为 **is:closed**，或者干脆整个删
掉。在 GitHub 上已经有成千上万被关闭的问题，你想递交的问题可能就在其中，已经被解
决了。

如果你找不到这样的问题，试着整理出可以重现你的问题的步骤，尽可能简单快捷。如果
你有机会获得一个可以让指定版本的 Salt 重现故障的虚拟机，那么其他人也更有可能重现
这个问题。

格式化你的问题

当在问题追踪系统递交问题的时候，格式化某些数据让信息更易于阅读是很有用的。
GitHub 支持 markdown 语法，使得你可以适当地格式化你的代码。

 你可以在这里找到关于它们的 markdown 语法的文档：https://help.
github.com/articles/githubflavored-markdown/。

显然，最有用的格式化窍门是着重号（`），也称反引号。在现代美式键盘上，通常和波浪
符（~）共用一个按键，位于键盘的左上角。

在着重号之间的一个或多个单词会被格式化为代码引用。如果你有多行代码都需要被格式化，你可以把它们放在 2 个包含 3 个着重号（```）的行之间。

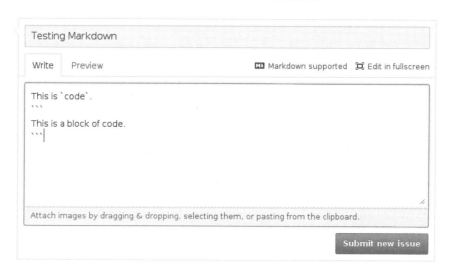

GitHub 带有一个预览模式，可以在递交前用来测试你的格式化，确保就是你想要看到的格式。

请求加入新特性

也许你并不是要递交问题，事实上是想要 Salt 加入某些目前还不支持的新功能。Salt 最强大的一个地方是开发者们很乐意有新的想法，加入新的功能。

在请求一个新功能之前，请花一些时间思考一下新功能是否超出了你的需求。你要求加入的新功能，只是对自己有益，还是对其他人也同样有益呢？如果受益面非常有限，有无可能通过别的一般途径实现？

一旦你觉得你考虑到的新特性可能会对大量用户有用，不要犹豫，马上递交这份请求。务必确保用例状态清晰，描述清楚你希望解决哪些场景。如果你不确定，请适当陈述你的用例和你的想法。

IRC 频道 #salt

另一个用户集结点是**互联网中继聊天室（IRC）**的 *#salt* 频道。这个频道托管在 Freenode 的服务上。如果你已经有一个 IRC 客户端了，并且知道怎么配置，连接到 `irc.freenode.net` 服务器，加入 #salt 聊天室。

 如果你还不熟悉 IRC，或者没有单独的客户端，你可以试试聊天室的 Web 客户端 `http://webchat.freenode.net/?channels=salt`。

#salt 聊天室中每时每刻都会有好几百人，不过幸运的是，他们并非一直在闲扯。很多像你这样的用户，在里面询问 Salt 使用上的问题或寻求帮助解决问题。其他一些 Salt 爱好者也会定期看看有什么他们可以帮忙的。

有必要了解一下 IRC 房间的基本网络礼仪。用一个短语来说就是，"Don't ask to ask; just ask."这句话的意思是，如果你有问题，不要从 "Can I ask a question?（我能问个问题吗？）"开始说起，回答必然是 yes。直接问你的问题就行了，没事的。

当你问一个问题的时候，没人马上回答时，请不要慌，不要急躁。大多数人并不是一直关注聊天室，但是很多人都会相当规律地看一下聊天记录。

不要在登录聊天室后问个问题，还没等一两分钟就登出。一般来说，这个时间还不足以让你的问题得到回答。如果你等了一些时间了，并且你的提问看起来像是被无视了，那就再等等。实在等不到需要的帮助时，考虑使用邮件列表。

最终社区思想

请记住，无论你选择哪个通道解决问题，都可能会有 SaltStack 员工直接回复你，但是更多和你交流的人是社区成员，和你一样。他们在其他公司有全职工作，他们用来提供支援帮助的时间，本质上来说，都是志愿服务时间。当他们伸出援手时，是出于他们的热心和友善，而不是任何形式的义务。

希望你考虑到这一点，和他们友好殷切的交流。世界上一些精明的人发现了 Salt，并且热衷于给他人分享这个工具。试着和他们搞好关系，如果诞生一些终身的友谊时请不要惊讶。记住，你的不友好和苛责可能会错失这些机缘。

总结

有很多可用的工具，不管是 Salt 自身还是外部工具，都可以用来故障排查。清楚地识别问题、追踪来源、在必要时寻求帮助都是处理 Salt 疑难杂症不可或缺的步骤。

祝贺你，学完了全部的内容！我们非常感谢你选择了本书指导你一步步精通 SaltStack，并且由衷地希望这本书能让你学到你想学到的一切。

反侵权盗版声明

电子工业出版社依法对本作品享有专有出版权。任何未经权利人书面许可，复制、销售或通过信息网络传播本作品的行为；歪曲、篡改、剽窃本作品的行为，均违反《中华人民共和国著作权法》，其行为人应承担相应的民事责任和行政责任，构成犯罪的，将被依法追究刑事责任。

为了维护市场秩序，保护权利人的合法权益，我社将依法查处和打击侵权盗版的单位和个人。欢迎社会各界人士积极举报侵权盗版行为，本社将奖励举报有功人员，并保证举报人的信息不被泄露。

举报电话：（010）88254396；（010）88258888

传　　真：（010）88254397

E - m a i l：dbqq@phei.com.cn

通信地址：北京市万寿路 173 信箱　电子工业出版社总编办公室

邮　　编：100036